身边的
科学

[英]罗杰·卡纳万
[英]伊恩·格雷厄姆 文

[英]马克·柏金 [英]大卫·安契姆
[英]罗里·沃克 图
高伟 李芝颖 译

“亦邪亦正”的环境

APGTIME 时代出版
时代出版传媒股份有限公司
安徽科学技术出版社

[皖] 版贸登记号:12181802

图书在版编目(CIP)数据

"亦邪亦正"的环境 / (英)罗杰·卡纳万,(英)伊恩·格雷厄姆文;(英)马克·柏金,(英)大卫·安契姆,(英)罗里·沃克图;高伟,李芝颖译. 一合肥:安徽科学技术出版社,2018.9(2019.6 重印)

(身边的科学)

ISBN 978-7-5337-7553-7

I. ①亦… II. ①罗…②伊…③马…④大…⑤罗…⑥高…⑦李… III. ①环境保护一少儿读物 IV. ①X-49

中国版本图书馆 CIP 数据核字(2018)第 039918 号

YIXIE YIZHENG DE HUANJING

"亦邪亦正"的环境

[英] 罗杰·卡纳万 [英] 伊恩·格雷厄姆 文
[英] 马克·柏金 [英] 大卫·安契姆 [英] 罗里·沃克 图
高伟 李芝颖 译

出 版 人:丁凌云　　选题策划:张 雯　　责任编辑:郑 楠
责任校对:岑红宇　　责任印制:廖小青　　封面设计:小青鸟
出版发行:时代出版传媒股份有限公司 http://www.press-mart.com
安徽科学技术出版社 http://www.ahstp.net
(合肥市政务文化新区翡翠路 1118 号出版传媒广场,邮编:230071)
电话:(0551)63533323
印 制:合肥华云印务有限责任公司 电话:(0551)63418899
(如发现印装质量问题,影响阅读,请与印刷厂商联系调换)

开 本:889 × 1194 1/24　　印张:6　　字数:180 千
版 次:2018 年 9 月第 1 版　　2019 年 6 月第 2 次印刷

ISBN 978-7-5337-7553-7　　定价:28.80 元

作者简介

文字作者：

罗杰·卡纳万，是一位很有成就的作家，曾创作、编辑以及与他人协作完成10多本有关科学和其他教育主题的图书。他有三个孩子，在他探求知识的路上，他们是最为严厉的批评家，也是志同道合的伙伴。

伊恩·格雷厄姆，曾在伦敦城市大学攻读应用物理学，后来又获得新闻硕士学位，专门研究科学和技术。自从他成为自由作家和记者以来，已经创作了100多本非文学类少儿读物。

插图画家：

马克·柏金，1961年出生于英国的黑斯廷斯市，曾在伊斯特本艺术学院读书。他自1983年以后专门从事历史重构以及航空航海方面的研究。他与妻子和三个孩子住在英国的贝克斯希尔。

大卫·安契姆，1958年出生于英格兰南部城市布莱顿。他曾就读于伊斯特本艺术学院，在广告界从业了15年，后成为全职艺术工作者。他为大量非虚构类童书绘制过插图。

罗里·沃克，是一名艺术家和插图画家，来自英国威尔士的斯诺登尼亚。他已经为数百本图书配过插图，热衷于用传统的钢笔和墨水创造、勾画各种形象。

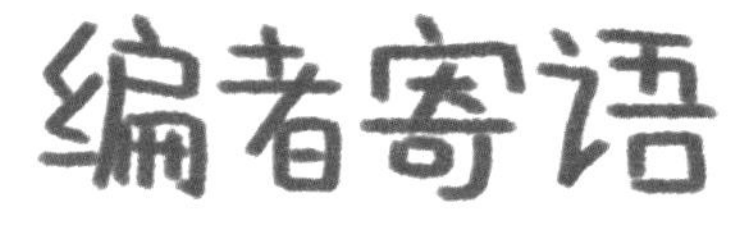

编者寄语

亲爱的孩子们，你有没有注意到我们的身边有很多微小的平凡事物？它们就在那里，普通得你几乎忽略了它们的存在。

黑夜里照亮我们房间的光来自哪里？电。

让我们感知健康的标志之一是什么？疼痛。

我们日复一日地生活，用什么来衡量时间？日历和钟表。

可以让大家保持清洁的发明是什么？肥皂。

脚下踏着的、我们赖以生存的根本是什么？土壤。

……

这样的问题，我们随口都可以问上一整天。可是，你想过没有，如果世界上缺少了它们，我们的生活会变成什么样呢？

《身边的科学》这套书就能很好地解决以上这些问题。本书一共分为三个主题：

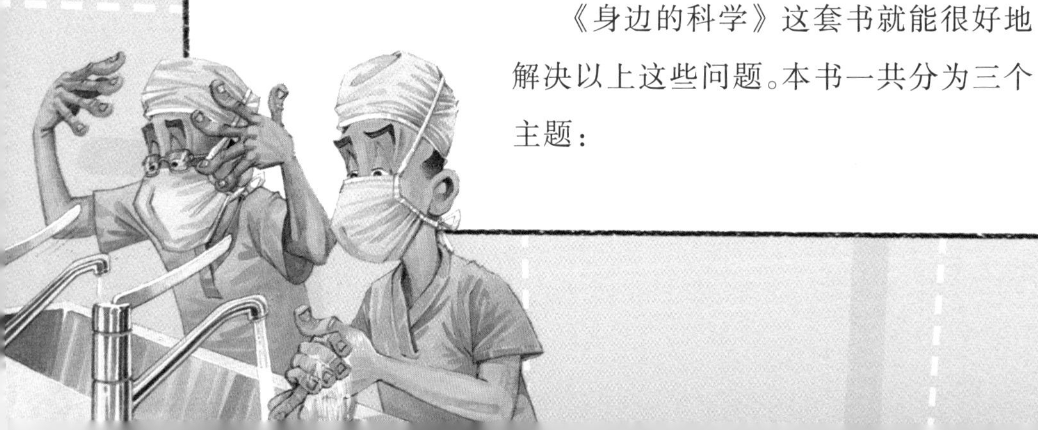

“万万少不了的极端天气”为我们介绍了历史上出现过的各种极端天气，包括闪电风暴、干旱、龙卷风等，聪明的人类学会了应对、预测和利用它们。

“平淡有‘奇’的水”讲述的是关于“水”的科普知识。地球上仅有2%的水可以用作饮用水，这部分水是必需品，是一切生物的生存要素。我们都要学会用科学合理的方法节约水资源哦。

“摸不得的电”告诉我们，电无处不在，整个世界数十亿人都离不开电。电让人们能够过上现代化的生活。想一想如果没有电就无法做的事情：加热、照明、通信、旅行、交通，还有娱乐，都离不开电。节约用电是每个人的责任哦。

这些平凡的小事物在默默无闻中发挥着各自的作用，让整个世界正常运行，让我们的生活越来越美好。我想，没有人愿意失去它们中的任何一个！让我们时刻怀着一颗感恩的心，关注微小的事物，体会生活的美好，发掘身边的科学中隐藏的魅力吧！

目录 CONTENTS

万万少不了的极端天气

平淡有“奇”的水

摸不得的电

万万少不了的极端天气

1588 年

为了争夺海上霸权，西班牙和英国在英吉利海峡进行了一场激烈壮观的大海战，占据绝对优势的西班牙无敌舰队几乎全军覆没，英吉利海峡的大风暴为英国获胜提供了极大助力。

1900 年

一场飓风袭击了美国德克萨斯州海岛城市加尔维斯敦，造成 3600 栋房屋损毁，约 6000 人死亡。

1923—1924

澳大利亚西部的马波巴小镇以其热浪天气声名在外。据记载，1923 年 10 月 31 日到 1924 年 4 月 7 日，当地气温持续 160 天都在 37.8℃以上，创下世界纪录。

1925 年

美国最致命的“三洲大龙卷风”发生于 1925 年 3 月，席卷密苏里州东南部、伊利诺伊州南部和印地安那州北部，导致 695 人死亡。

1960 年

美国航空航天局 1960 年 4 月成功发射了第一颗气象卫星“泰洛斯-1”。

1975 年

台风“尼娜”在中国登陆，摧毁一个又一个大坝，造成了巨大的人员伤亡和财产损失。

1985 年

英国科学家首次报道，在南极上空发现了臭氧层空洞。

1989 年

一场龙卷风肆虐了孟加拉国马尼格甘杰地区的两个镇，在几分钟之内就令大约 1300 人丧生。

2003 年

热浪和干旱席卷欧洲的大部分地区，导致 7 万人死亡。

2005 年

“卡特里娜”飓风肆虐美国路易斯安那州，影响新奥尔良市大部分区域，导致 1800 人死亡，造成 800 亿美元的经济损失。

全球极端天气

在面对各种困难时，人类总是有办法应对。世界各地的人们都学会了如何适应，甚至是利用极端天气。

气温与降雨的完美结合不仅能使新英格兰的枫树生产出美味的枫糖，还能让枫叶在秋季染上瑰丽的色彩。

在俄罗斯的农村，人们会庆祝一年里的头一场降雪，因为大雪会像毛毯一样保护房屋和庄稼免受严寒的侵袭。

中国利用火箭，使2008年北京奥运会的进程不受大雨影响。

哥伦比亚的麦德林被称作“春城”，因为那里的天气几乎每一天都舒适宜人。

南美洲阿塔卡马沙漠的部分地区已经有数百年没下过雨了。

常年盛行的西风在纳米比亚造就了高耸的沙丘。

印度某些地方的季风降雨长达3个月，这一时期降水量占了全年降水量的4/5。

埃及的一些农民使用古老的方法从尼罗河中取水。

在南极洲的沃斯托克研究站，人们记录到了这个星球上最低的温度。

导 读

似乎每个人都对天气感兴趣，不过人们最喜欢谈论的主要是那些极端天气，例如异常的酷热和极度的严寒，还有超级潮湿和干燥的天气。

通常情况下，在经历极端天气后，人们都会有一种解脱的感觉。他们渴望“正常”的生活，当然这份期望里也包含了对温和天气的向往。但也有许多人依靠极端天气生活，他们希望有连续 4 个月的大雨浇灌稻田，或是希望冬天寒冷些，以使苹果果园来年的收成更好。对某些地方不好的极端天气对另一些地方来说可能是有益的：如果南极和北极不是那么寒冷，极地的冰就会大量融化，很多岛国就会遭殃，甚至被完全淹没。

天气和气候是一样的吗？

“天气”和“气候”这两个词可以表述相同的东西，例如暴风雪、热浪或者飓风，所以你可能会认为这两个词的意思相同。实际上，两者是有差异的，而且它们之间的差异也很好理解，因为它们的差异与时间有关。

“天气”一词用来描述我们身边相对短暂时间里的大气层状态，短到一个小时、一天或者一个礼拜。天气是变化多端且来去无常的。而“气候”一词则用来描述在数年时间里常有的大气的平均状态。气候比天气更好预测，或者，按照一位气象学家的话来讲，“气候”是你预计得到的，而“天气”是你实际得到的。

季风是指一段有猛烈降雨的时期，该时期通常持续数月。印度的西南季风持续仅仅三个月，但其间的降水量却占了印度全年降水量的 80%。季风属于极端天气，却是可以预测的，它属于气候的一部分。

在美国的许多城市，孩子们在夏天最热的几天里会有机会享受消火栓的喷水淋浴。炎热的天气在那里并不令人惊讶，因为这几乎年年都有，换句话说，这样的天气是那些城市所处气候的一个组成部分。当这些孩子的家长自己还是小孩子的时候，或许也用过同样的方式消暑降温。

我们都知道自己居住地的气候，这就是我们遇到反常天气会感到惊讶的原因，例如在气候炎热的地区，冬天下雪就会使人惊奇不已！

诸多天气的形成受海洋影响，而海洋的覆盖面积超过了地球表面的 2/3。暖空气能吸取海洋里的水分，聚集为云层，再形成降雨。

政府和官员需要时刻关注天气，以便及时应对天气带来的突发情况。在气候寒冷的地区，人们必须确保除雪设备在整个冬天都能正常运转。

原来如此！

水会在地球的表面进行循环往复的运动，这一过程我们称之为水循环。暖空气促使洋面的水分蒸发，形成云。当云层越飘越高时，云层温度下降，水蒸气就会凝结形成雨。大部分降雨会汇集成溪流与江河，并最终重新流入海洋。

水蒸气

雨水

径流

若天气永远不变，会对生活有什么影响？

你是否曾经凝望雨滴默默念道：“要是永远没有雨该多好啊！”或者当你在堆雪人的时候，是否曾想过：“要是一直都是冬天就好了！”

在世界上某些地方，天气一年四季的确是一成不变的，而且年年如此。但你能想象出那会是什么情形吗？假如的确如你所愿，地球上所有地方的天气和气候都是一样的，你可能会好奇我们的生活会是什么样的吧？现在，请换一个角度看，你将会意识到天气和气候的变化对我们来说是多么重要。

位于智利的**阿塔卡马沙漠的部分地区**已经400年没有降雨记录了。西海岸的空气是干燥的，而来自东面的雨水在到达沙漠之前，全降落在了山上。

水稻生长在被水淹没的稻田里，但这种重要的农作物需要的可不仅仅是水。它还需要热量、光照和降水的精确配合，也就是说，需要恰到好处的天气，才能迎来丰收。

苹果树和其他许多植物都依赖霜冻和冬天寒冷的天气来帮助果实的生长。要是全世界都四季如春的话，那你就再也吃不到苹果了。

只有早春天气恰到好处，才能使位于美国的新英格兰和加拿大的糖枫树的树液自由流动。当树的汁液流动起来时，我们就可以将它们熬煮成枫糖了。

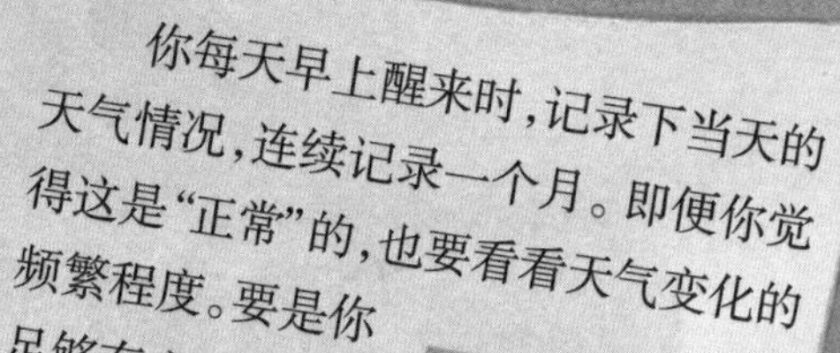

你每天早上醒来时，记录下当天的天气情况，连续记录一个月。即便你觉得这是“正常”的，也要看看天气变化的频繁程度。要是你足够有心，还可以记录下明年这个月时的天气情况。这样一来，你能发现气候特征的蛛丝马迹吗？

哥伦比亚的麦德林因其宜人的天气获得“春城”的美誉。在那儿，一如春天的好天气会持续一整年。那儿的人们会举行一年一度的花会，以示庆祝。

我们能利用闪电风暴吗？

风暴来临时，常常伴随着明亮的闪电和轰鸣的雷声。雷暴有时也被称作“闪电风暴”，这是因为闪电包含着能量惊人的电荷。美国科学家和政治家本杰明·富兰克林在1752年那场极为危险的风筝实验中便证明了这一点。当闪电从云层里冲出时，会在空气中开辟一条道路。闪电周围的热空气会迅速膨胀，使空气震动从而形成雷声。光比声音的传播速度快得多，所以我们往往先看到闪电，几秒之后再听到雷声。

大城市里的雷暴是惊心动魄的景象，那一道道闪电可能会直击摩天大楼的楼顶。所有的高层建筑都配有避雷针。避雷针是一种金属装置，能把电流安全地引入大地，从而使建筑物免遭雷击。

除了壮观的闪电和雷鸣，雷暴还能做许多事。它能产生一种被称作上升气流的强风，强风能够穿透云层，还能扫除污染空气的难闻气体和微小颗粒物。

你或许不想在雷暴天气被淋湿身体，但你知道一场大雨意味着什么吗？它能极大地补充蓄水库的水量。举个例子，美国有一半以上的公共用水来自风暴降雨。

雷暴经常发生在冷暖空气相互碰撞的地方。暖空气会逐渐爬升，其中包含的水汽会凝结，这个过程就形成雷雨云。一旦风暴形成，在风暴周围冷却的空气就会顺势下降，扩散到地面，像空调一样，造成降温。

植物依赖土壤里的氮元素维持生长。空气中的氮含量丰富，闪电所携带的高能电流能把空气里的氮元素转变成植物能利用的形式，并由雨水带入土壤。

人们常说，雷暴过后，人的身体会感觉更舒服，心情会更好。之所以有这种感觉，是因为雨后清新的空气和凉爽的温度。此外，残留在空气中的电荷粒子也会使你的心情变得更好。

风有停的时候吗？

风是地球上最常见的一种天气表现形式，它在旋转的过程中会增强或减弱，抑或是保持同一方向不停地吹。风形成的原因多种多样：地球的自转，大陆和海洋温度的冷暖差异，空气自身的气压。微风能使人心旷神怡，但强烈的风却极具破坏力。龙卷风是最强劲的风，它有着令人生畏的外形。它是如此的强劲，以至于能将牛、车辆，甚至是房屋卷至空中，并远远地抛出。

可怕的风

飓风，也被称作气旋或台风，是极具威力的风暴，常发源于热带洋面。

海龙卷发生在水域之上（海上或湖面上），其强度弱于龙卷风。

龙卷风是柱状的强劲旋涡气流，由雷雨云层延伸至地面。

沙尘暴由强风把松散的沙粒和尘土带到空中所形成。

东北风暴是一种发生在新英格兰沿岸威力巨大的风暴，风暴来临时东北风也刮得强劲。

密史脱拉风是一种强劲的北风，经常一连几天侵袭法国南部。

喷射气流是高层大气中的狭窄气“带”，由西向东吹。

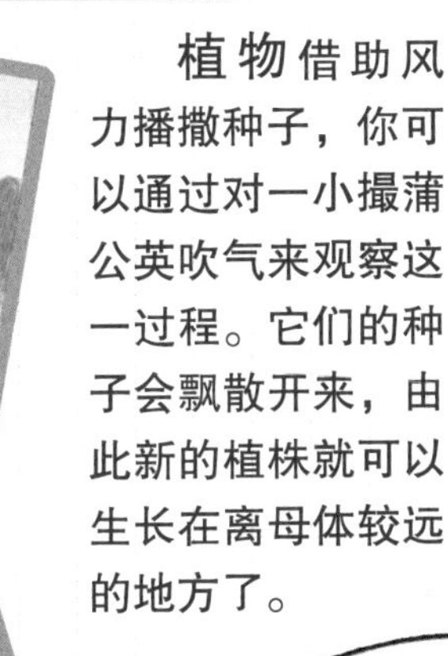

植物借助风力播撒种子，你可以通过对一小撮蒲公英吹气来观察这一过程。它们的种子会飘散开来，由此新的植株就可以生长在离母体较远的地方了。

“飓风猎人”是经过特殊改装的飞机，能够飞越飓风，它所采集的数据能帮助气象学家更好地研究风暴成因。

强风并不一定只有坏处，许多运动和游戏项目就依赖于它。在平地上，滑雪者通过降落伞借助风力可以获得良好的速度。

尝试一下！

在秋天，试着收集一些枫树或者美国梧桐的种子。这些种子总是成双成对的，每一粒种子都连接着一只小翅膀。选一个有风的日子，把它们一分为二，从楼上的窗户向外丢出去。观察这些“小直升机”是怎样搭乘顺“风”车的，看看它们能飘多远。

什么是“热浪”？

当天气变得极度炎热且长期持续时，它可怕的一面就会显露出来。气象学家常用“热浪”一词形容一个地区出现连续三天及以上的异常高温。这异常的高温不仅令人难受，还会带来一系列严重的问题。水的供应会出现短缺，酿成旱灾。

极度炎热和干燥的空气很可能引发严重的火灾，波及森林、旷野和乡镇。为了应对这种极端威胁，人们也会使用极端的办法——以火“攻”火。消防员会在大火将要经过的道路上预先点燃一片可以控制的火。这叫作“放逆火”或“迎面火”，可以阻止火灾继续向前蔓延，因为其蔓延的道路上已经没有可燃物供其燃烧了。

当你在高温天气进行户外活动，尤其是锻炼身体时，水是必不可少的。脱水（身体缺水）可是件十分危险的事情。

人们有时会放弃村庄，任凭洪水淹没土地，然后将其变成蓄水库。在长久的干旱过后，水位会有明显的下降，一些建筑物的顶端就会从水里冒出来。

20世纪30年代，北美洲中部的大部分农业区被严重的干旱和沙尘暴侵袭后，变成了“风沙侵蚀区”，许多家庭被迫离开这些贫瘠的农场。

苹果和其他水果依靠严冬促使自身生长，相反，有些植物则依赖极端的高温让其种子发芽。在干燥、炎热的环境下，火罂粟和其他花朵依然鲜艳，成为一道亮丽的风景线。

最冷能有多冷？

在寒冷的冬天，自然界的所有事物似乎都慢了下来，或彻底停止了活动。靠近地球两极的地区，即便处于夏季，也是非常冷的。1983 年，科研人员在南极洲的俄罗斯沃斯托克科考站记录下了地球上最低的温度：-89.2℃。虽然我们大多数人都没有经历过类似的低温，但仍然有些人生活在十分寒冷的地方。那儿的冬天，气温会降至-40℃以下，不过对于他们来说，冬天可是运动和举行庆典的大好时节。

享受寒冷！

寒冷的天气会对**橘子树**造成损害，果农常会给树浇水以助其抵御严寒。当水结冰时，会释放出部分热量，这些热量足以让树安全过冬了。

冬季运动在一些冬季十分寒冷的国家很受欢迎。冰球（冰上曲棍球）是始于美国的本土运动，至今仍有人热衷于在结冰的湖面上进行这项运动。

在俄罗斯的**农村**，人们会庆祝一年里的头一场降雪。大雪在那儿很受欢迎，因为雪就像毛毯一样，可以保持土壤温度，从而保护农作物免受寒冷空气的侵袭。

地球北部许多区域每年冬天都会举行盛大的嘉年华活动，人们做游戏，比赛堆雪人，并给最佳的冰雕作品颁奖。

有些动物在其皮毛和脂肪层的保护下能很好地适应寒冷。著名的阿拉斯加雪橇犬品种——哈士奇能适应-57℃的严寒。

*编注：1956 年，美国设于南极的考察站，是南极洲最大的科学研究中心。

沃斯托克科考站的指示牌

还在下雨吗？

当人们谈及天气时，最常想到的就是“下雨”或“不下雨”。我们总希望在重大活动时不会下雨，比如毕业典礼和大游行的时候，或是野餐和在海滨度假时。但世界上的许多地方不仅有下雨天，还有雨季，而雨季意味着天天都会下雨。要是没有雨季，农作物就无法生长。世界上许多伟大的文明也都诞生于雨量丰富的地区，丰富的雨量确保了充足的水源，那是我们的“生命之源”。

一段时间内降水量的突然增多会给河流沿岸和峡谷地区的居民带来灾难，因为水势猛涨会围困居民。有的人被洪水围困后，还需要救生艇把他们从建筑物里解救出来。

我真想逮一只美味的斑马！

热带稀树草原覆盖了东非的大部分地区。在一年的大部分时间里，这些稀树草原都被烈日烘烤着，直到雨季到来，才重新孕育出草场和水塘。当然，动物停下来在水塘边喝水时，可要时刻提防捕食者啊！

嘎！嘎！

当雷暴快速地上下翻搅空气时会**形成冰雹**，被翻搅到高处的雨滴会凝结成冰，其中的一些会融化，形成降雨，而另外一些则会裹挟更多的水分，在高处继续凝结，变得越来越大，直到它们下落，形成冰雹。

我们有些人不把水当回事儿，但世界上仍有很多地方的人需要长途跋涉去取水，而且这种活儿一般都是交给小孩子来做的。

埃及人依赖尼罗河生活已经有数千年的历史。每年春天，尼罗河都会决堤泛滥。有些农民至今还在用传统的桔槔（如左图，俗称“吊杆”）从尼罗河里取水。

尝试一下！

自己动手做一个雨量测量器吧。把一个软塑料瓶的顶端切掉，在里面放入一些小石头，将瓶子的重心降低，然后加水，使水刚好没过石头，并把这条水位线标记为基本水位线。将刚才剪掉的瓶顶倒扣过来，变成一个漏斗，用直尺和记号笔从基本水位开始向上标注出每一毫米。

极端天气塑造了世界？

无论天气再怎么极端、恶劣，总少不了两个因素：风和水。风和水是大自然的“工具”，侵蚀土壤和石头，雕琢出巨大的山谷，塑造出怪异的地貌，要是再加上极端的冷热温度变换，这些地貌还会变得更加神奇。世界上许多久负盛名的自然景观，都少不了天气的鬼斧神工。

瑞士的**阿尔卑斯峡谷**由上个冰河时期的冰川溶蚀而成，它有时被称作“U”形谷，因为它的底部宽阔，且侧边陡峭。

海蚀柱是一种屹立于海洋之上的神奇的石塔。每一个海蚀柱都是大陆的一部分，但是由于常年的风吹雨淋浪打，把它和大陆连接部分的土壤和石头都侵蚀掉了。

新英格兰秋天里有着大片大片五彩斑斓的树叶，那醉人的色彩需要弱光、降雨和温度的精密配合才能形成。

在非洲西南部的纳米比亚，**西风**把沙砾堆积成高如山峦的沙丘，由于风力的持续作用，沙丘的形状每天都在发生变化。

峡谷地貌经常出现在美国的西部电影中。

沙漠的炎热，冬季的寒冷，加上风和水，它们共同塑造了美国犹他州和亚利桑那州大峡谷的奇特景观。冷和热能使石头膨胀和收缩，以致石头开裂。

靠近南极洲的南面海洋上，冰冷的浪花打在礁石上会形成一层冰，加上连月的暴风雪的覆盖与侵蚀，最终形成了这种蘑菇状的奇异景观。但是，它们每年夏天都会融化、消失。

原来如此！

人类如何应对极端天气？

人们总能找到办法解决各种各样的困难。即便我们不能改变天气，至少也能减少极端天气带来的损害。也就是说，在雨季时，我们可以保持室内干燥；在炎热的季节，则保持凉爽；在暴风雪天，可以保持温暖。其次，为了应对极端天气，我们不仅可以寻找自然的庇护所，还可以修建能抵御极端天气的房子。但归根结底，想象力和不断探寻的勇气才是最重要的。

大自然赋予了石头神奇的力量。

一些节能环保的现代建筑，外表看上去就像古代人住的洞穴一样。

请准备好！

水在世界上许多地方都是十分宝贵的，人们用水时会十分小心，以免造成浪费。印度洋上的毛里求斯有漫长的旱季，所以那里的人们会修筑工事来收集并贮存水源。

许多沙漠居民在夏天穿着宽松的白色服装，以保持凉爽。白色能够反射部分太阳光，自由飘动的衣服能遮蔽阳光，并给皮肤保留较为充分的散热空间。

在气候寒冷的地区，人们更习惯于待在室内。美国明尼苏达州的气候寒冷，而这家购物中心包含了卖场、餐馆、绿化区，甚至还建了主题游乐园。

时刻准备好应对极端天气是非常重要的，尤其是突发的极端天气情况。美国许多地方的学生会定期参加龙卷风训练演习，所以当龙卷风真正来袭时，他们就知道如何保证自身安全了。

俄罗斯北部的西伯利亚极其寒冷，以至牛奶都是在冰冻状态下以光碟或冰球一样的形状出售。人们会把牛奶装进网袋里带回家，并把这些大冰盘垒在屋外，以便不时之需。

原来如此！

我们能掌控天气吗？

很多人认为，既然我们没有能力改变坏天气，倒不如欣然接受它。但如果我们真能改变天气呢？几千年来，人们一直期望梦想成真。所以，有些地方的人们希望通过跳舞和祈求神灵的方式，为庄稼求得雨水的滋润。当然，与之相反的是在另一些地方，会有数百万人希望没有雨水来扰乱重要仪式的进程。你的愿望是什么呢？

为了保证 2008 年奥运会在北京顺利进行，**奥运组委会**进行了精密的筹划，甚至包括对奥运期间天气的严格要求——尽可能少下雨！用人工的方法，让雨提前下了，这样一来，便可以阻止雨水在北京奥运会期间落下。

有些气象学专家建议向大气层中投放反射性尘埃(一种类似于火山喷发物的物质),这种尘埃能够将太阳的一部分热量反射出去,从而缓解全球变暖的状态。

科学家们可能不久就会研究出一种方法来改变雷击的轨迹:向雷雨云发射激光。科学家希望闪电可以沿着激光的路径移动,这样一来,它们就可以安全地到达地面,而不会击中建筑物或者人。

在看一些**与天气有关的神话故事**时,我们用不着很认真。《瑞普·凡·温克尔》* 故事中曾说,雷声是荷兰的老幽灵玩撞柱游戏时发出的声音。

*编注:华盛顿·欧文创作的著名短篇小说,都是谈鬼论怪的故事。

俄罗斯首都莫斯科每年要花费数百万来清扫街道上的积雪。2009 年，莫斯科市长曾提议“播种云层”，使雪落在城市中心以外的地方，他的这一提议曾轰动一时。

如何应对气候变化？

一方面，人类也许有能力改变天气，但另一方面，人类却面临着更大的危机：全球的气候问题。在地球45亿年的历史长河中，出现过温暖的时期，也经历过寒冷的时期，类似火山爆发这样的自然活动是这些时期更替的主要原因。然而，当今大多数的科学家一致认为，地球变暖的速度比过去任何时候都要快，人类可能要“烧”起来了。究其原因，主要是二氧化碳在大气层里大量堆积，使热量无法发散，我们燃烧化石燃料产生的废气中就含有大量的二氧化碳。

猛犸象体型巨大，是大象的近亲。几百万年前，它们遍布地球。许多科学家相信，猛犸象在最后一次冰河时代的末期（大约12000年前）灭绝。其原因是，全球温度上升，森林取代了它们世代栖息的草原。

随着温度的升高，炎热和干旱将使那些原本水草丰茂的地方变得草木不生。沙漠会往外延伸，吞并那些曾经肥沃的土地。

全球变暖是气候变化最显著的特征之一。随着温度的升高，北极的冰盖逐渐融化，许多动物，比如北极熊，都将失去它们赖以生存的自然栖息地。

发电厂会排放大量的二氧化碳。为了避免二氧化碳进入大气，人们打算将它们抽进海底，注入海床上的岩石中或者储存在更浅的大陆架里。

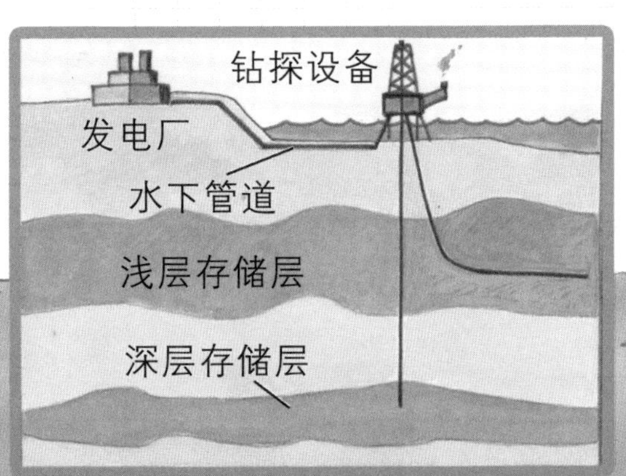

世界上有**数千万人**生活在低洼的沿海地区，这些地区面临着洪水的威胁。更严重的是，气候变化带来的海平面轻微的上升，就足以淹没这些地区。

尝试一下！

当你关闭电脑、电视或者其他电器设备时，请确保要彻底关闭它们，不要让它们时刻处于待机状态。这样做不但可以省电、省钱，更重要的是还能避免不必要的二氧化碳排放。

我们能预测多久的天气？

对于未来的天气研究，我们相信，天空将不再是限制因素。航空探测器已经为我们提供了有关其他星球的一手气候信息；而海洋科学也让我们受益良多。举个例子，南美洲洋流的温度仅仅变化零点几度，就会使纽约和伦敦下起倾盆大雨。这些新信息能帮助我们在未来更好地应对极端天气吗？

国际航空探测器“卡西尼-惠更斯”号卫星已经发现了土星卫星上的极端天气和有关水的线索。

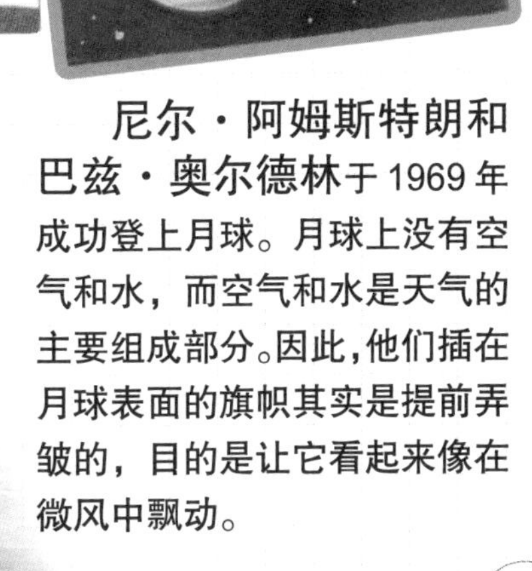

尼尔·阿姆斯特朗和巴兹·奥尔德林于1969年成功登上月球。月球上没有空气和水，而空气和水是天气的主要组成部分。因此，他们插在月球表面的旗帜其实是提前弄皱的，目的是让它看起来像在微风中飘动。

展望未来

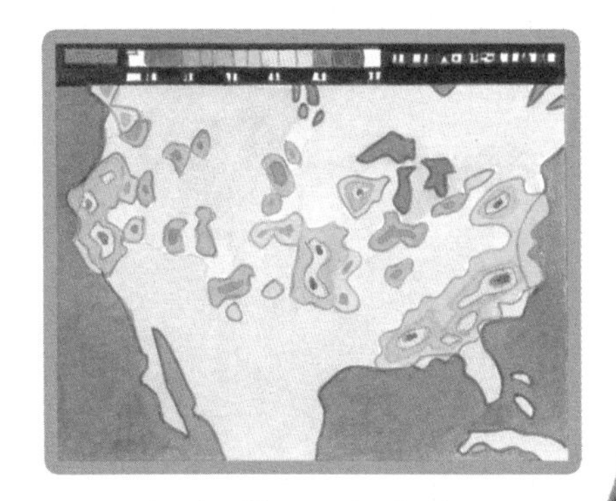

多普勒雷达成像是预报天气的一个重要工具。它利用了多普勒效应计算出移动物体(比如云和暴风雨)的移动速度和方向。

“多普勒效应”描述的是这样一种现象：事物靠近时，声波聚集（声音变高）；事物远去时，声波分散(声音变低)。你可以亲自去听听，或者叫一个朋友坐在小车后座上，在小车从你身边开过去时向你吹口哨，或者去听听警车或消防车呼啸而过时的汽笛声。

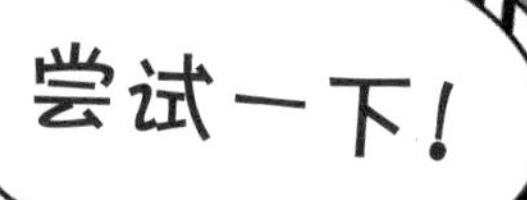

准确的天气预报在未来将更加重要。人为造成的气候变化已经大大增加了极端天气出现的概率。平均气温即使上升一点点，也会造成更多的热浪和洪水，飓风和龙卷风也将更频繁地出现。

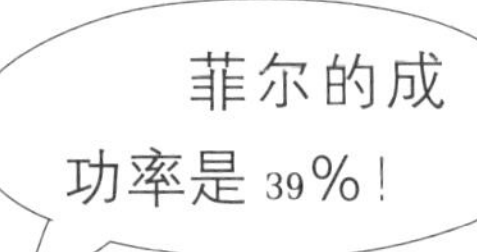

每年的2月2日，美国宾夕法尼亚州的人们成群结队地聚在一起，看土拨鼠菲尔能否看见它自己的影子。科学家们也在研究，是否有一些动物能察觉极端天气即将到来。

术语表

Atmosphere **大气层** 围绕地球或其他宇宙空间里的物体的一层气体，可以抵挡有害辐射，并阻止热量的散失。

Blizzard **暴风雪** 由强风裹挟的雨雪风暴。

Carbon dioxide **二氧化碳** 一种由碳元素和氧元素构成的气体，在大气层中过量积累会导致全球变暖。

Climate **气候** 一个地方或地区的典型天气特征，通常是参考多年的气象状况得来的。

Climate change **气候变化** 自然或人为导致的地球温度和大气的变化，这些变化会扰乱长期以来正常的天气情况。

Cyclone **气旋** 一大片涡流状的旋风，尤指在太平洋和印度洋上形成的。相同类型的涡流旋风因形成的地方不同导致叫法不同，在北美洲称飓风，而在亚洲太平洋沿岸则称台风。

Downpour **倾盆大雨** 短时间之内发生的雨量极大且稳定的降雨。

Drought **干旱** 一段短则数周、长则数年的少雨或无降雨的时期。干旱常常导致农作物收成下降和粮食短缺。

Dune **沙丘** 由风力作用形成的带有陡坡的堆状或脊状的松散沙堆。

Element **元素** 构成物质的基本要素；某类原子的总称，它们无法用化学方法继续分解。

Emissions **（气体或物质的）排放** 指由引擎或机械设备产生的废气和微小颗粒物，它们被排放至大气层中会引起不良的后果。

Evaporate **蒸发** 物质由液态变成气态的过程。

Fertile **肥沃的** 能使植被（尤其是农作物）大量生长的。

Fossil fuel **化石燃料** 诸如煤炭和石油等燃料，由亿万年前埋藏于地下的动植物尸体演化而来。

Gale **狂风** 十分强劲的风，诸如海上的强烈风暴。

Glacier **冰川** 体积庞大的冰体，由压得很紧的雪形成。冰川会十分缓慢地向低处滑动。

Global warming **全球变暖** 地球上海洋和大气温度逐渐上升。全球气候变暖，一部分原因是由人类活动所致，诸如燃烧化石燃料。

Habitat **栖息地** 动植物繁衍生息的场所或场所类型。

Insulator **绝缘体** 能够减缓或阻止诸如电流或热量等能量流动的物质。

Laser **激光** 一种能在长距离投射后仍汇聚成一点的强有力的光束。

Meteorologist **气象学家** 研究和预测天气的科学家。

Nitrogen **氮** 地球大气中含量最丰富的化学元素，存在于所有生命体中。

Ozone layer **臭氧层** 地球大气层中臭氧含量最多的一层。臭氧能保护我们免受太阳有害辐射的侵袭。

Probe **探测器** 投放至外太空执行科学任务的无人驾驶的航天器。

Radiation **辐射** 任何以波的形式传播能量的统称。辐射通常由一个源头扩散开来，就像水的波纹一样。

Reservoir **蓄水库** 人工修建的湖泊，有时也能自然形成，用以收集并储存水源，水库里的水通常会被管道远距离输送至缺水地。

Satellite **人造卫星** 无人驾驶的航天器，发射到地球附近绕地球旋转。

对抗天气的建筑

在人们毫无防备时，极端天气的来袭是很危险的。但在那些极端天气经常光顾的地方，提前防范还是可行的。房屋或其他建筑物会经过专门的设计，以抵御那些可能到来的极端天气。

许多海岸边的房子被修建在支柱上。人们爬上梯子进屋，然后将梯子收上去。假使海平面受到大浪和海潮的影响而上升，住在高处的人们也能高枕无忧。在气候炎热的国家，搭建在支柱上的建筑能享受四面八方吹来的凉风。这一类型的房子早在数千年前的新石器时代就已经出现了。

生活在阿拉斯加最寒冷地区的人们同样选择把房屋修建在支柱之上，其中的原因略有不同。因为那里的某些地方，雪有时下得极大，能够完全淹没一层楼高的建筑物，所以把房屋修得比冬季的雪线*高是必要的。

接下来，我们还会介绍一些在自然界中生存的方法。例如，生活在西班牙、法国和土耳其较热地区的人们常会在松软的石头上打洞，修建窑洞。大厅和隧道连接着洞内不同的房间，洞里的温度四季恒定。

以上这些房子都是可以常年使用的，而在斯堪的纳维亚半岛或其他地方的冰雪酒店却需要在每年的冬天重新搭建。在这些酒店里，哪怕是睡觉的床也都是用冰块做的，当然表面会铺上一层厚厚的毛毯和床单。

*编注：永久性积雪的下限。

气象卫星

第一颗成功发射的气象卫星名叫“泰洛斯-1”，由美国航空航天局在1960年发射升空。它能将云层覆盖及运动的信息传回地球，以帮助人们预测天气。从那以后，又有十几颗卫星相继发射，但并不全是由美国发射的。欧洲太空总署、俄罗斯、中国、印度和日本都曾将自己的卫星送入地球附近的轨道。

有的卫星会稳定在地球的某一区域上空，例如赤道（能完美分割地球南北半球的理想分界线）上空。其他一些卫星则按照极点轨道运动，也就是说，随着时间的流逝，它们会从地球的每一个角落上空经过。这些卫星一年比一年先进——过去，它们只是简单地用来监视风暴和云层的情况；如今，它们不仅能记录气温和大气状况，还能给科学家提供气候变化的信息。

在短短的50年内，卫星科技有了很大的进步，已经能帮助科学家查明造成极端天气的原因，并研究人类对气候的各种影响，这些信息对于政府制订未来的计划是至关重要的。

平均降雨量排名前十的国家

（以全年平均数计：毫米）

1.圣多美和普林希比民主共和国	3200
2.巴布亚新几内亚	3142
3.所罗门群岛	3028
4.哥斯达黎加	2926
5.马来西亚	2875
6.文莱达鲁萨兰国	2722
7.印度尼西亚	2702
8.巴拿马	2692
9.孟加拉国	2666
10.哥伦比亚	2612

数据来源：世界银行 2009–2013 年统计的平均数据。

你知道吗？

◎美国国家气象局从 1953 年开始用女性的名字为飓风命名，不过从 1979 年开始又改成了男性的名字。

◎2012 年 3 月，一场龙卷风袭击了北卡罗来纳州的夏洛特市。年仅 7 岁的小贾马尔·史蒂文从床上被拖走，卷进龙卷风里。结果，人们在他家附近的高速公路绿化带上发现了他，他竟然毫发无损地活了下来。

◎闪电的温度高达 30000℃，这比太阳表面的温度还要高。

◎雪花需要经过一个小时的时间才能到达地面。

平淡“有”奇的水

干净水大事年表

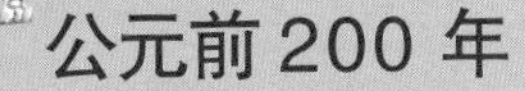

公元前1790年

巴比伦国王汉谟拉比制定了法典，其中有惩罚偷水罪行的条款。

公元前200年

印度一份医学文献推荐采用过滤方式获得更为干净的水。

公元500年

波斯（现在的伊朗）有了使用风车抽取淡水的最早记录。

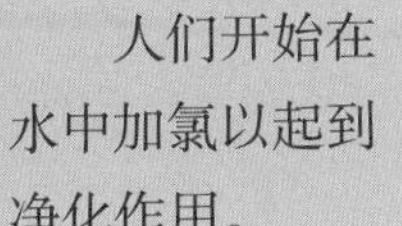

1503年

在比萨与佛罗伦萨交战期间,列奥纳多·达·芬奇致力于研究一个项目:使亚诺河转向,远离比萨城。

19世纪90年代

人们开始在水中加氯以起到净化作用。

1912年

美国国会开始研究不洁净的水对人体健康的影响。

20世纪60年代

科威特成为第一个开发大型海水淡化项目的国家。

20世纪70年代

阿斯旺水坝控制了尼罗河的洪水泛滥，为成千上万的埃及人提供了生活饮用水。

1977年

联合国水事会议确认使用干净的水属于人权之一。

2012年

美国环境保护署发布一项新应用服务，该项目使美国人可通过手机、电脑查询美国境内成千上万条湖泊、河流和溪流的水质状况。

水循环

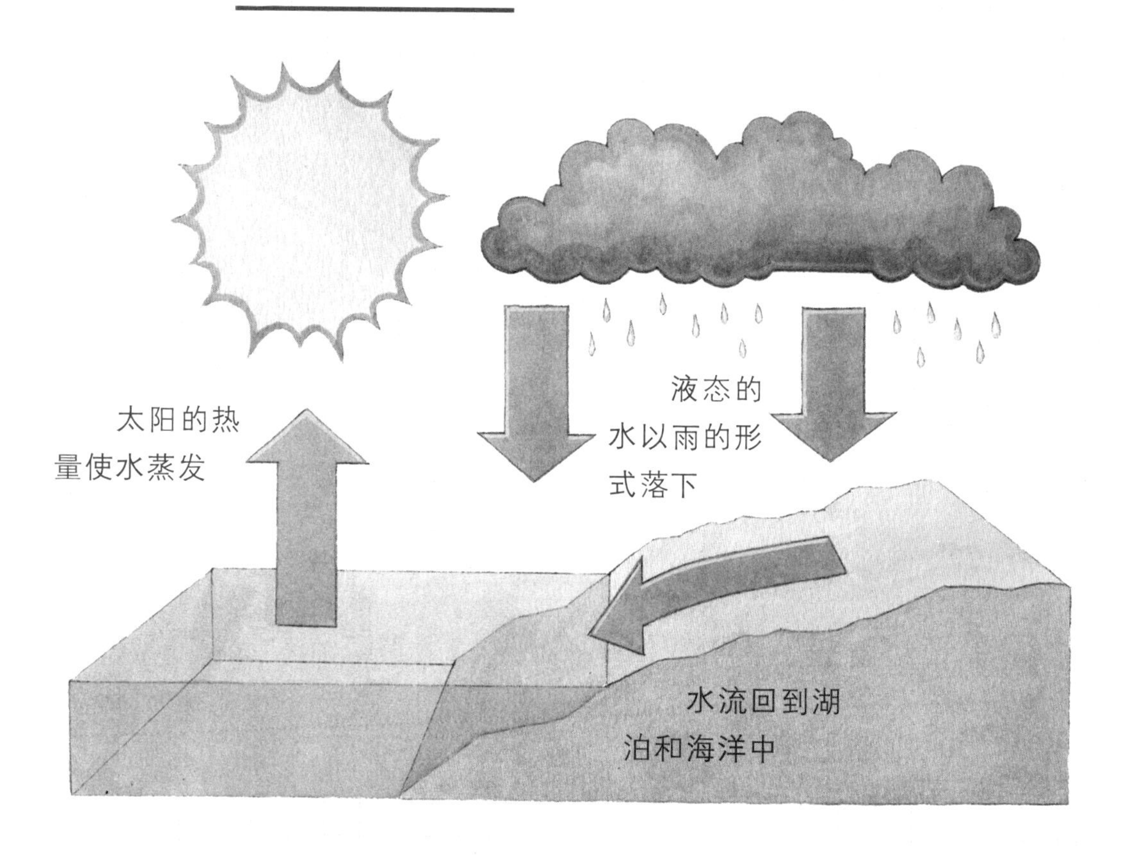

地球上的水持续不断地运动着，从地面到地下又到地上，这种运动称为水的循环。太阳散发的热量使海洋和湖泊里的水蒸发（成为气体）。这种我们称为水蒸气的气体进入地球大气层，随着空气的温度越来越低，水蒸气又成为液体，在云层中形成微小的水滴。这些水滴聚合在一起，形成更大的水滴，最后以雨的形式落到地面，其中大部分都会向低处流，最后流到海洋中去……然后开始新一轮的水循环。

导读

假如有外星人乘宇宙飞船初次接近地球，他们从舷窗往外一望，看到的会是一个蓝色星球。如果他们认为是水覆盖了这个星球超过 2/3 的地方，那么这种想法完全正确。不过，我们都知道地球上仅有 2%的水可以饮用。这部分水是必需品，不仅为人类提供生存条件，也是一切生物的生存要素。没有人愿意生活在没有干净水的地球上，事实上，离开干净的水，人类也无法生存！

干净的水有助于我们抵抗疾病，有助于身体成长，甚至有益于思考。这个世界还需要水来栽种植物、建造房屋、输送东西。喝山泉水是件很开心的事情，不过想一想，假如有一天你拧开水龙头，一滴水都看不见，你会有什么感觉？

水从哪里来?

或许你享受过船桨荡起的水花，又或许曾夜不能眠，担心下雨会使第二天的野餐计划泡汤。当看到地图上标示的那些与一个国家面积相当的湖泊、那些一眼望不到边的河流时，你或许会为之着迷。但你可曾思索过水的来源和去向？又有谁想过，或许昨日的雷雨里就有去年流经尼罗河的水，甚至这水可能在法老时代就流淌着？我们究竟应该怎样追寻这宝贵自然资源的踪迹呢？

水的无尽之旅

一个月左右就干了！

温度及气压变化使小水滴在云层中聚集形成大水珠，水珠以雨的形式落到地面。

水上天入地、周而复始的**旅程**被称为水循环。热能和重力在水的持续运动中扮演了重要角色。在此期间，我们可以将水引为己用，但最终水仍会进入循环过程。

水库是大型的人工湖，为城镇储存淡水资源。水库边缘的大坝用以控制水的流量。

有些雨水渗入地下，但绝大部分的雨水在地表汇成径流，顺势而下，形成小溪与河流，最终流入大海。

水泵利用压力从地下抽水。有时候，小型手动水泵就能满足一个家庭的用水需求。

树木及其他植物也会从地下取水。这些植物的根里含有微小的导管，能吸收地下水，并把它们输送到体内各个部分。

水遇热或遇风时会**蒸发**，即从液体变成气体。蒸发形成的无形气体被称为水蒸气，会留存在空气里。

冷凝现象。空气中含有大量水分，这些水分有些是无形的，有些存在于云层中。这些水分遇冷会凝结，重新成为液体。

你也能行！

将一个茶杯放在搅拌碗中，在碗里（注意不是杯里）倒人两指深的水，然后将保鲜膜平铺在碗上，并将一个小砝码放在薄膜上，正好位于茶杯上端。把碗放在阳光充足的窗台上，过几天你就会看到水变成雨“下”到茶杯里了。

离开水，你能活多久？

你知道吗？人体的 2/3 都是水。水几乎充满了人体的各个部位，帮助人体吸收营养，排走废物，从而保持健康。人没有食物还可以活几天，但没有水，能存活的时间就比较短。在地震或者其他大灾难后，救援人员会紧急搜寻幸存者，以防缺水。脱水（人体内水分含量太低的现象）是非常危险的，因此不要等到口渴了再喝水。

在沙漠里，没人想遇到缺水的情况！高温暴晒会导致人在寻找水源的路上排出更多的汗液。在极端炎热的条件下，人必须在两天之内找到饮用水。

供暖和降温

汗（主要成分是水）从皮肤上蒸发，变成水蒸气的同时带走热量。当你的身体需要靠发抖来保暖时，皮肤上的毛孔就会闭合，以保存体内的热量与水分。

日常生活中应**及时饮水**，以达到补水的目的（即帮助人体补充所消耗的水分，维持水分供应）。

人体的**免疫系统**能对抗病菌，抵御感染，维持人体健康或帮助身体康复，但这一切都离不开水。

人体利用大量的水来消化食物，以便吸收健康成长所需的营养。

食物的**营养物质**被吸收之后，水会帮助人体排走废物(即食物剩余残渣)。

少吃盐。人体会平衡体内的水分与盐分。如果出汗了，人体就需要吸收更多的水分与盐分。运动饮料中的盐分会将胃里的水分吸收并输送到肌肉组织及身体其他部位。但如果吃得太咸而又不及时饮水，胃里的盐分就会吸收身体其他部位的水分。

干净的水如何维持人体健康？

水的用途多种多样，其中绝大部分要求水源干净。当然了，饮用水必须无菌，才不会使人生病。

不过，水本身就能预防感染。水可以冲洗掉致病菌。医生和护士在为病人治疗前会用水洗手，以免传播细菌。

保持卫生不仅仅在于让人觉得舒服。充分清洗身体后再用干净的水冲洗，是保持个人卫生的重要组成部分。

手中的生命。外科医生在任何手术中都责任重大。在接触任何手术器械之前，医生们都会用特别的方法清洗双手和前臂，并用清水冲干净，确保自身不携带任何细菌。

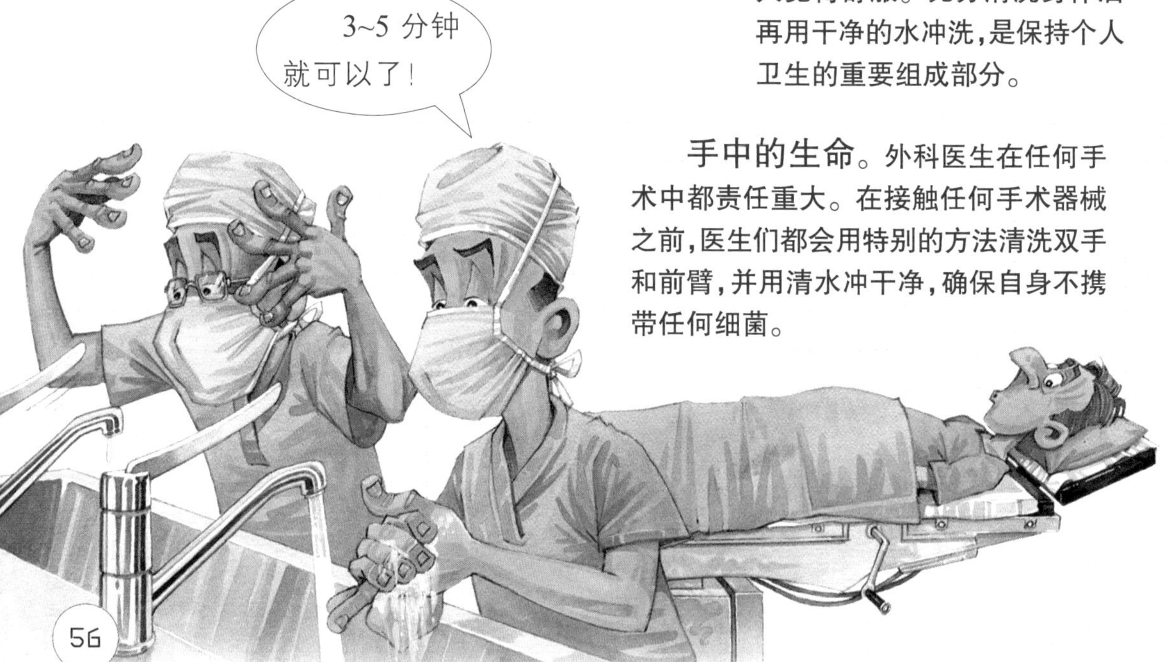

伤口的处理。处理任何伤口，首先要做的就是用纯净水清理掉所有阻碍伤口愈合的杂物。

下水道能带走城镇里的污物，就好比厕所能排走家里的秽物一样。水可以冲走脏东西。

进食之后，牙缝或者牙齿上可能有残留食物。这些食物残渣与牙菌斑（牙齿上的黏着物质）混合后就会形成酸性物质，进而腐蚀牙齿。而定期刷牙并用水充分漱洗就能带走这些有害的酸性物质。

水疗是利用水来缓解疼痛的一种医疗方法，不仅适用于人类，也适用于动物。

脏水会让人生病吗？

干净的水有助于保持身体健康，促进人体生长，脏水则会致病。水里有可能含有微生物，甚至是一些致病的毒物。随着时间的推移，人们对这些疾病以及它们与水的联系了解得日益透彻。但无论治疗疾病的方法多么先进、多么现代化，医生们仍坚持认为，最好的预防方法就是保证人人饮用干净水。

在脏水里玩耍看起来似乎很有趣，一旦生了病可就不好玩了。

水与疾病

流感（流行性感冒的简称）是一种病毒性的传染病，症状类似于重感冒。而勤洗手就能避免病毒的传播。

梨形鞭毛虫病是一种消化系统的传染病，由在水中生活的小寄生虫引起，会导致严重胃痛以及腹泻。

甲型肝炎通常由水源中的病毒引起，会导致人体疲劳、恶心（想呕吐），以及体重下降。

外耳炎，有时又称为“游泳耳”，会有耳痛、耳胀的症状。该炎症是由脏水中的细菌与真菌引起的。

大事记

公元前 400 年 希波克拉底宣称许多疾病与水有关系。

14 世纪 40 年代 欧洲人将水传播疾病导致的死亡归咎于“脏空气”。

1670 年 安东尼·范·列文虎克改进了显微镜;13 年后,他发现了细菌。

1849 年 威廉·巴德宣称霍乱是一种由水中的微生物导致的疾病。

1854 年 约翰·斯诺运用统计学来帮助研究霍乱暴发的源头。

1857 年 路易斯·巴斯德观察到,许多疾病都是由细菌引起的。

1882 年 罗伯特·郭霍证实,许多疾病是由水传播的。

1907 年 美国马萨诸塞州劳伦斯地区使用过滤水,将伤寒的死亡率降低了 79%。

布罗德大街的水泵。约翰·斯诺医生认为,导致 1854 年伦敦霍乱大暴发的原因是被污染的水,而不是“脏空气”。在布罗德大街上,许多人死于霍乱,斯诺医生让人把这条街上的公用水泵把手拆了,结果霍乱疫情很快就消失了。那台水泵离一个旧粪坑只有 1 米远。

动植物也需要干净的水吗？

水对于生命而言是必不可少的。动物、植物，哪怕是最小的微生物，想要生存，都离不开水。和人类一样，其他物种也会渴，也得在周边找水。有的需要住在水里，而有的需要大量饮水。有的看似在无水的条件下也能存活，但若凑近了仔细看，就能发现，即使是这些物种，也有自己找水和存水的一套方法。

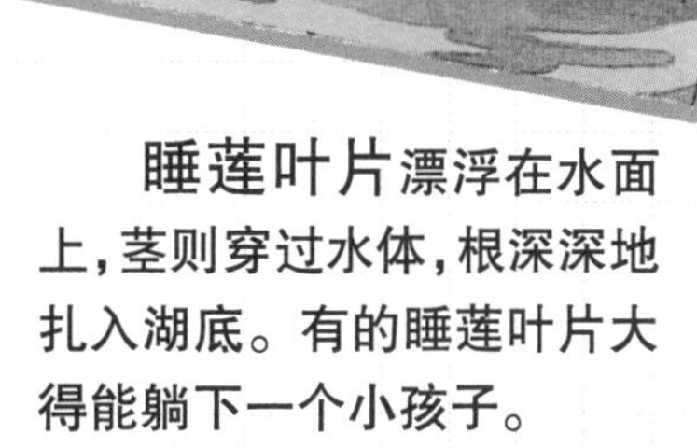

睡莲叶片漂浮在水面上，茎则穿过水体，根深深地扎入湖底。有的睡莲叶片大得能躺下一个小孩子。

骆驼可以长途行走而不喝水，但每次喝水，它们会快速喝下很多。

许多沙漠植物，如仙人掌，都长有厚厚的肉茎，便于储水，以熬过漫长的旱季。尖尖的刺能保护植株不被动物吃掉。

稻田一词来源于马来语“padi”，意思就是水稻。水稻与其他植物不一样，因为它可以在非常潮湿的地方生长。水同时也保证了水稻免受杂草和虫害的侵扰。

大马哈鱼在河流中逆流而上时，会被灰熊拦截抓走。一旦河流被污染，灰熊与其他食鱼动物就只能走很远的路去寻求下一餐食物，因为大马哈鱼只能在干净的水中存活。

澳大利亚的**考拉**栖息于桉树上，它们似乎从来不从舒适的树枝上下来喝水。不过考拉确实也需要水，它们通过嚼食桉树叶来获取水分。

观察植物如何利用茎像我们用吸管一样吸水。将一枝康乃馨放在装有水的干净花瓶或水杯里，然后在水里加入约十滴食用色素，一天后就能看到花瓣的颜色发生了变化。

用多少水重要吗？

你是否留意过自己每天用多少水，其中有多少是被浪费掉的？诚然，水最终会回归空气中和云层里，但大量废水已被化学物质污染，而这些被污染的水是很难再被利用的。

许多人已经意识到节水要从身边做起。如果人人都能从自己做起，就能节约更多的干净水以供有需要的人使用。你是真的在浇草坪，还是让宝贵的水大部分都流到了大街上？其实寻求既能节水又能满足正常生活用水的办法是很有意思的。

洗澡只用 5 分钟，而不是 10 分钟，就能节约 100 多升的水。5 分钟虽不算太长，也足够唱完一首不短的歌了。

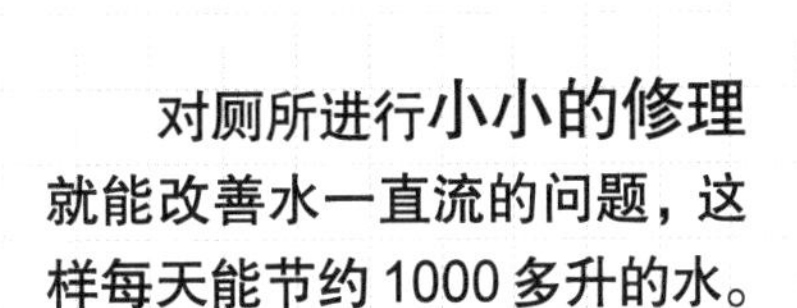

对厕所进行**小小的修理**就能改善水一直流的问题，这样每天能节约 1000 多升的水。

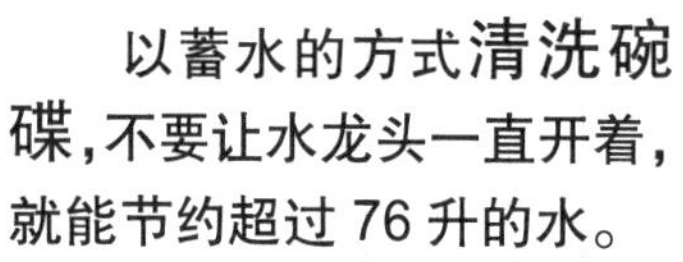

以蓄水的方式清洗碗碟，不要让水龙头一直开着，就能节约超过 76 升的水。

洗车时一直开着水龙头相当浪费水，大约 454 升的水会流入下水道。

别让水滴滴答答地流着。也许有人觉得，水龙头这么滴水有什么大不了的？如果在滴水的水龙头下放一个量杯，一个小时之后测量一下水的深度。现在做一个小计算：一天会滴走多少水？一周呢？那么一年呢？

你也能行！

提着一桶水你能走多远？

现在只要拧开水龙头，水就源源不断了。但在过去（甚至是现在的很多地区），最近的水源地也可能离家很远。为了减轻长途跋涉的劳苦，人们会想一些轻松一点的办法来取水。有些古罗马时期的水道（运水的长管道或渠道）在2000年后的今天仍能发挥作用。

水井建在有地下水的地方。有的水井深几百米。

水泵利用吸力抽水。压下把手，水泵里的活塞就能将水抽入水管。

海水淡化，或者说去除海水里的盐分是可行的，但需要经过很多设备进行处理，最后才能生成淡水。

吊杆利用杠杆原理，将水桶从河里运至岸边。埃及人利用吊杆的历史已经超过 3000 年了。

大事记

公元前 6500 年　现在的以色列地区在当时已经开始挖掘水井来供应淡水。

公元前 2500 年　公共供水和室内水管在印度得到发展。

公元前 1500 年　秘鲁安第斯山脉上修建了昆贝玛约水道。

公元前 312 年　罗马人修建了他们的第一条水道。

1325 年　英国的修道士修建了一条管道，将城外的泉水引入剑桥市。

1613 年　新河将散布于 30 多千米范围内的很多水井和泉眼连接成一条人工河，以供应伦敦用水需求。

1729 年　人们将圣安东尼奥河改道，用以灌溉美国得克萨斯州的农场。

1801 年　宾夕法尼亚州的费城成为美国首个利用蒸汽泵供应水的城市。

1914 年　美国政府为轮船、火车及其他州际班车上的饮用水制定了标准。

水道自古罗马时期就已出现。如今，美国亚利桑那州的沙漠里绵延着约 500 千米的现代水道。

你的水足迹有多少？

水除了用于饮用或洗涤外，还有许多其他用途，例如，种植、收获作物，修建房屋，运输货物……联合国曾有“我们都位于下游”的说法，意思是说我们周围的一切已经将某个地方的水用完了，而且也许正是我们导致了其他地区无水可用。“水足迹”是一种衡量方法，用来衡量一个人真实的用水量，尤其是那些你没看见的被使用的水。

清晨，你的母亲总喜欢来**一杯咖啡**。而这一杯咖啡，从种植园到咖啡杯里一共需要约 177 升水。

生产**两条牛仔裤**需要约 27731 升水，足以填满这两个孩子身后的大型储水罐。

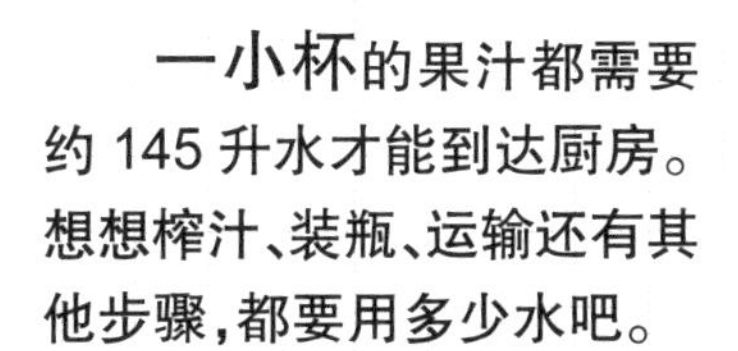

一小杯的果汁都需要约 145 升水才能到达厨房。想想榨汁、装瓶、运输还有其他步骤，都要用多少水吧。

500 克牛排需要约 8874 升水，才能完成从牛栏到你餐桌的长途旅程。

即使是**鸡肉**，也需要很多水才能到你的餐桌上。除非你住在养鸡场，否则每 500 克鸡肉都需要约 2000 升水。

这件**棉衬衫**看起来似乎很小，但从棉花田到成衣店，这个过程仍需要约 3400 升水。

不断增长的水足迹

从溪流里舀一杯水来喝，水足迹就只是一杯。但为了制造一件衬衫，从种植棉花开始，到运送至工厂，将棉花加工成棉线，再纺织成布，染色……这些过程都需要水。而每个阶段所需要的水量不同，水足迹就越来越大！

多数意大利面都是由小麦制成的，而每磅*意大利面需要约745升水，才能完成从面粉进厂到你叉子上的过程。

*编注：1磅≈453.6克。

你也能行！

没人会发现……

思考“身处下游”的问题，也意味着不要回避将来或是其他地方可能出现的问题。例如，将1升柴油注入地下，就会污染100万升水。

哪怕一张纸，都需要约13升水才能完成从树木到进入打印机的过程，这实在是太惊人了。

水是如何被使用的？

想想你用水的一些方式，如洗涤、饮用、烹饪、游泳、浇花，所有这些对人来说都很重要，因此被统称为居民用水或家庭用水，但这些用水只占全球用水量的 1/10。农业用水大约占全球用水量的 70%，用以栽种农作物和饲养牲畜，来满足人类的需求。

这就解释了果汁和牛排为什么有这么大的水足迹。工业用水占 20%，这个数字是这个世界上 70 亿人总用水量的两倍。无论是篮球还是互联网，我们制造或使用任何东西都需要干净的水。脏水含有有害物质甚至是有毒元素，除此以外，还可能含有高浓度的盐分和钙质，或其他矿物质，这些物质会在机器里形成水垢，进而影响机器的正常使用。

在如右图所示的工厂里，工程师们用不同颜色标示来分辨冷热水管道。

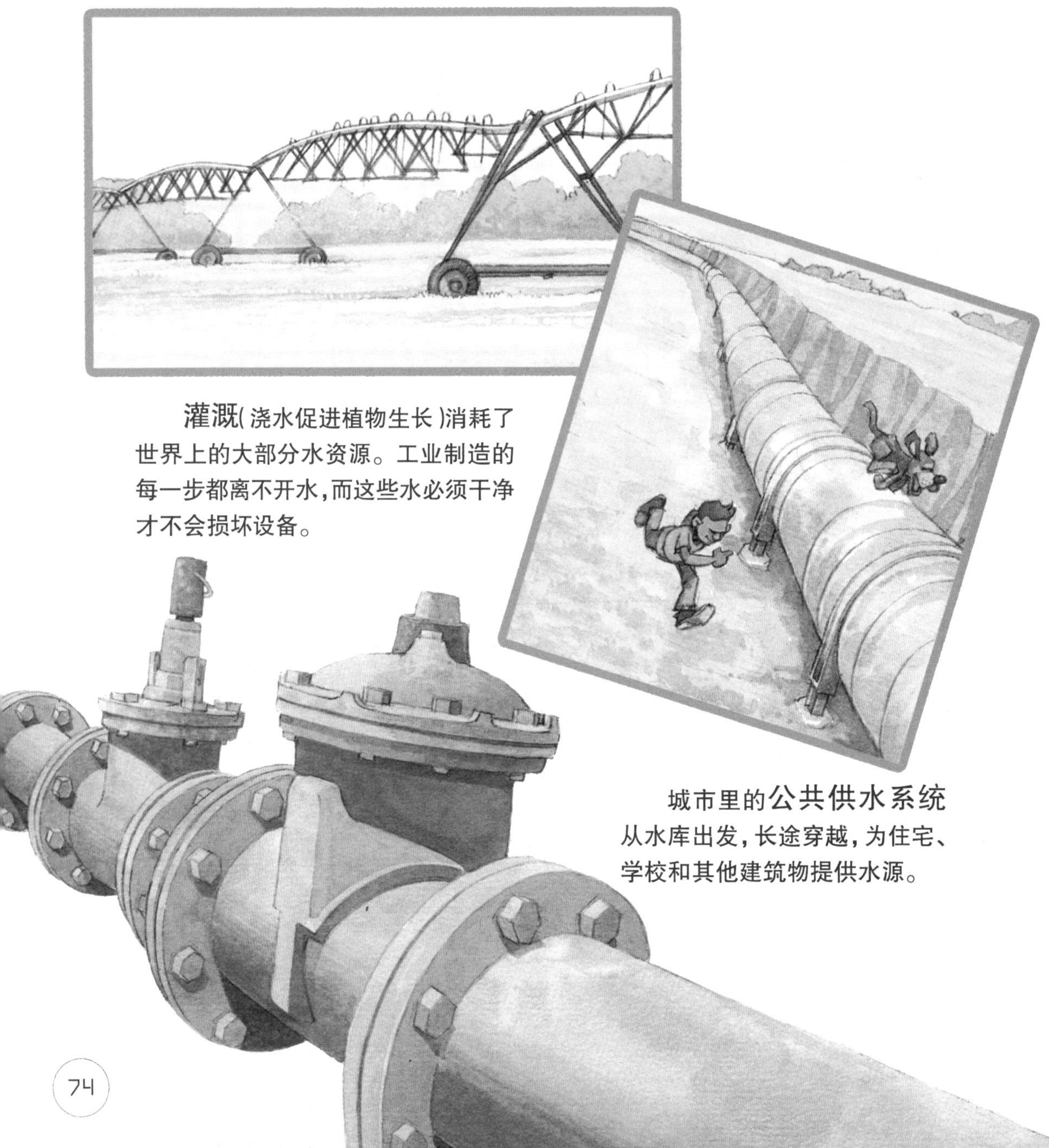

灌溉(浇水促进植物生长)消耗了世界上的大部分水资源。工业制造的每一步都离不开水，而这些水必须干净才不会损坏设备。

城市里的**公共供水系统**从水库出发，长途穿越，为住宅、学校和其他建筑物提供水源。

或许你觉得日常生活并不需要那么多的水，平常也就喝点饮料，冲个澡罢了。事实上家里可能无时无刻不在用水，甚至是你正在看书的现在。试着列一个单子，统计一下你周围用水或需要水的物品。

发电厂中都矗立着**巨型冷却塔**，利用水来冷却内部的高温。

你能净化脏水吗？

地球上可饮用的水源只占总水量的 2%。其余的水要么是海水，要么被封在冰原和冰川（高山上的冰冻河流）里。多年来人们都在破坏宝贵的水资源。即便是现在，人们虽已意识到水源遭受着严重污染，但是每天仍有 200 万吨废弃物被倾倒进淡水里。科学家们竭尽全力想扭转局面，发明了许多新方法来净化这些似乎一度要永久消失的河流湖泊。可现在世界人口正以每天 23 万人的速度增长着，科学家们能应对这样的挑战吗？

目前有一种**先进**且天然的方法用以净化被化学物质污染的水，即在水里培养微生物，这种微生物就是藻类，藻类可以吸收一些化学物质。

去除污染源有时也包括处理危险化学物品，这需要特殊的安全设备。

还有一种净水方式，就是**过滤**掉水里的颗粒物。左图所示的系统便是利用木炭来净化水。木炭可以吸附小颗粒物，经过木炭过滤的水会干净得多。

另外一种**技术含量低**的净水方法，就是把水里的废物捞出来(如左图)。

大事记

1804 年　苏格兰人罗伯特·托姆建造了首座水处理厂。

1806 年　巴黎成为世界上首个出台水处理政策的大城市。

1847 年　英国立法规定污染饮用水供水系统是犯罪行为。

1855 年　芝加哥成为美国首个规划污水系统的城市。

1890 年　处理带细菌污水的方法在美国和英国得到发展。

1961 年　在美国西南部科罗拉多河沿岸，野生动物由于水污染而死亡的事件引发公众愤怒。

1970 年　美国成立环境保护署。

1980 年　密歇根州本地人弗娜·麦斯赢得了一场长达 13 年的诉讼，成功阻止矿业储备公司污染苏必利尔湖。

2011 年　英国的泰恩河曾遭受重度污染，如今却被称为英国最适合大马哈鱼生存的河流。

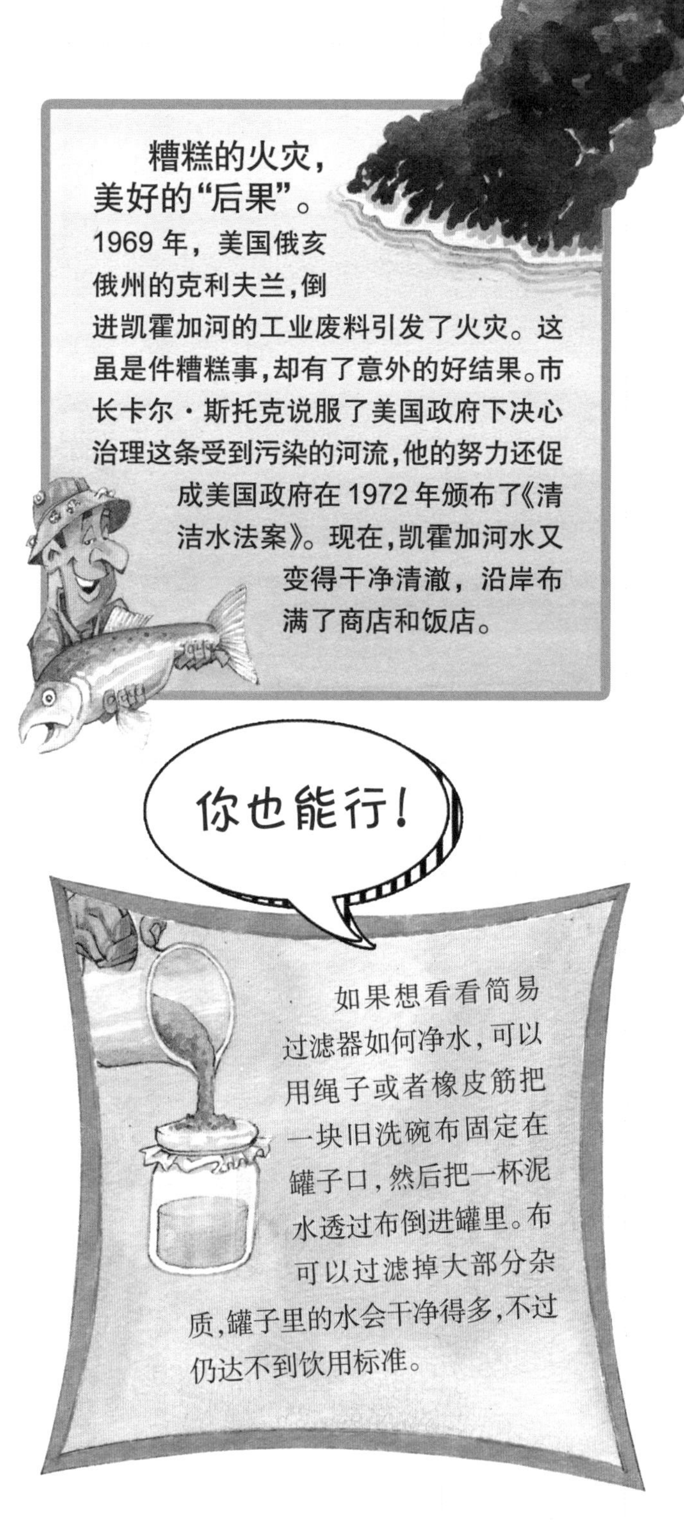

糟糕的火灾，美好的“后果”。 1969 年，美国俄亥俄州的克利夫兰，倒进凯霍加河的工业废料引发了火灾。这虽是件糟糕事，却有了意外的好结果。市长卡尔·斯托克说服了美国政府下决心治理这条受到污染的河流，他的努力还促成美国政府在 1972 年颁布了《清洁水法案》。现在，凯霍加河水又变得干净清澈，沿岸布满了商店和饭店。

你也能行！

如果想看看简易过滤器如何净水，可以用绳子或者橡皮筋把一块旧洗碗布固定在罐子口，然后把一杯泥水透过布倒进罐里。布可以过滤掉大部分杂质，罐子里的水会干净得多，不过仍达不到饮用标准。

你会为水而战吗？

你可能与家人争论过最后一个甜甜圈或者最后一块比萨的归属问题。现在想一下，你掌管着一座城市，甚至是一个国家，邻国正在挖掘你觉得应属于自己的宝藏。这时候你会相当愤怒。

过去60年里，国家之间常因为石油发生战争。许多专家都认为水会成为21世纪的“石油”，成为足以引发战争的宝贵自然资源。无论这些争端中谁对谁错，真正的受害者总是因战争而断水的无辜百姓。

受战争影响的人们不得不徒步很长的距离，到军事检查点去碰碰运气，看能否找到水源。

曾经富饶丰收的土地如今**干旱龟裂**，众多国家为保护水源都走上了战争之路。

如果你们国家有水源纷争，那么游泳及其他水上娱乐项目将是不可能的。水将被储存起来以备不时之需。

如果**牧场**发生干旱了，或者严重一点，变成战场了，农夫和他的牲口就只能流离失所，无家可归。

还让水这么流着？

世界人口不断增加，农场及工厂对水的需求量越来越大，干净水供应的压力也随之增加，那么未来是否还有希望？我们会不会用尽最后一滴水？我们怎么能确定子孙后代拧开水龙头就有干净水可用呢？幸运的是，人们一直在努力寻求解决办法。国际组织致力于让有干净水可用的人们节约用水，以使极度缺水地区的人们也能有水喝。发明家们在发掘水源和运水的问题上也纷纷献计，有的方法简单易操作，有的却天马行空。在未来，人类可能会移居其他星球，而我们在那些星球的表面下，或许也会发现水源。

接雨桶（如左图）又流行起来了。人们用接雨桶收集储存雨水，然后用来浇灌花园。

工程师们正致力于把寒冷地区的**巨大冰山**运到更加干旱的地区。这个想法并没有那么疯狂。

简单的筛网（如右图）就能从雾（事实上是低层的云）里取水。小水滴先汇集在筛网上，然后滴到下面的储存器里。

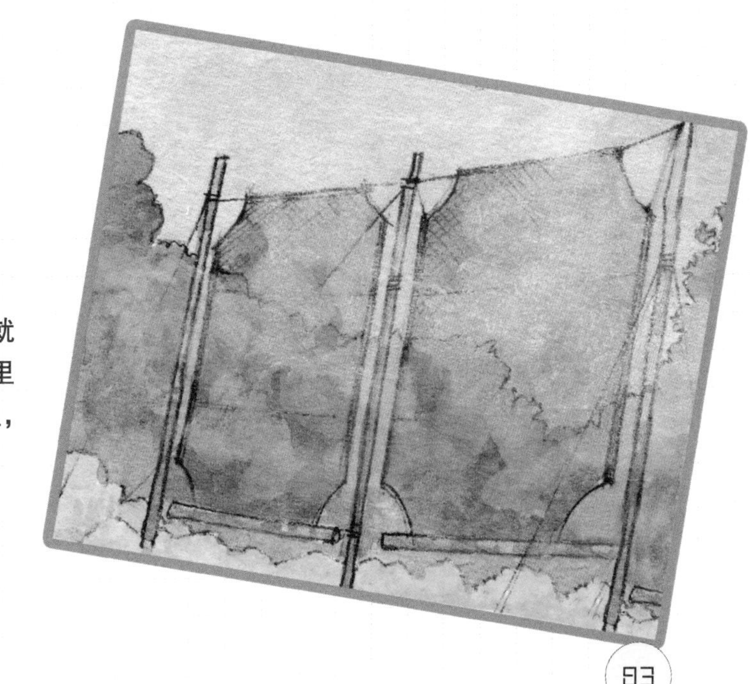

可以考虑使用太阳能水泵。太阳能水泵已帮助肯尼亚北部的部分农民获取地下水。该国部分地区已经持续五年没有任何降雨，不过现在阳光却可以为他们带来水源。

你也能行！

未来城市需要可持续发展，建造时需要体现环保理念。房屋和公寓都要能节水，并且大部分水都要被重复使用。像这样的楼顶花园（如左图）不仅能遮阳，而且能隔热。

术语表

Agriculture **农业** 耕作，包括种植庄稼和饲养牲畜。

Algae **藻类** 海藻以及同类生物体。

Bacteria **细菌** 单细胞微生物，其中有些有利于人体健康，有些则会致病。

Cesspit **粪坑** 倾倒人体排泄物的坑洞。

Cholera **霍乱** 脏水中的细菌导致的一种致命疾病。

Condense **凝结** 从气体转化成液体的过程，例如云层中的水蒸气凝结成一滴滴的液态水。

Conservation **保护** 爱护自然界以保存地球上大量的动植物。

contaminate **污染** 使干净的东西变脏或变有毒。

Diesel **柴油** 从石油中提炼的一种发动机燃料。

Element **元素** 由一种原子（组成一切物质的基本粒子）构成的纯净物，例如氧气。

Environment **环境** 自然界，既指整体（包括所有动植物和山水），也指某一特定区域。

Fungi **菌类** 生物体类型，不是植物、动物，也不是细菌。酵母和蘑菇便属于菌类。

Germ **病菌** 细菌、病毒以及其他微生物的泛称。

Hygiene **卫生** 保持自身清洁的行为。

Infection **感染** 致病生物体侵入身体。

Insulation **保温** 保持温度，通常指使热不散出去。

Lever **杠杆** 一种简单机械，使用一根杆或梁传送能量，使物体在移动时比较省力。跷跷板就是一种杠杆。

Livestock **牲畜** 农场动物。

Microorganism 微生物 显微镜下才可看到的生物。

Organism **生物** 有生命的任何东西。

Parasite **寄生虫** 靠另一种生物体存活的生物体，且对其“宿主”有害，因为寄生虫会携带疾病或掠夺“宿主”的食物。

Particle **粒子** 微小的物质颗粒。

Pharaoh **法老** 古埃及的统治者。

Resource **资源** 在某个区域发现的任何有用的自然界事物，例如淡水、石油，或某些植物和动物。

Runoff **径流** 从高地流入溪流和大河的水。

Sewage **污水** 从建筑物里排出来的人类排泄物。

Solar **太阳能** 太阳照射所发出的能量。

Statistics **统计学** 一门综合学科，通过收集和分析信息(通常以数字形式出现)，对所测对象进行推断和预测。

Suction **抽吸** 液体或气体从高压区域流入低压区域。

Typhoid fever **伤寒** 一种严重甚至致命的传染病，由脏水中的细菌所致。

United Nations **联合国** 保护世界和平、健康和发展的世界组织。

Viruse **病毒** 与细菌类似的微生物，但本身不能繁殖。病毒会感染其他生物体的细胞，仅在受感染细胞繁殖的时候才能随之繁殖。

Waterborne **水传播** 通过水传播或是在水中传播。

保护干净的水

数十年来，科学家一直在多方警告公众，希望大家注意保护干净的水。人们也在积极响应科学家的呼吁，尤其在净化河流和湖泊方面做出了很多有益的行动。以前发生的那些可怕的事件，诸如沙滩上布满死鱼或是河流起火，已经促使许多国家采取了保护行动。

教育民众意识到将来有可能出现的问题，这是让公众积极参与解决问题的第一步，也是很好的举措。例如，应该让人们知道，无时无刻不在浇灌草坪或高尔夫球场会给住在低处的人们带来困扰。

全球正在变暖，人类的行为也是原因之一，这是另一个需要认识到的问题。不管是气候变化还是全球变暖，结果都一样：我们已经开始看到天气的变化了。有人甚至谈到，将来，美国的堪萨斯州和俄克拉何马州会像现在的亚利桑那州一样干旱。

世界上有一些极为干旱的国家也是世界上极为富有的国家，例如，邻近波斯湾的那些国家便拥有极丰富的石油资源储备，那些石油在过去40年中为其赚了数以万亿美元。这些国家也利用这些钱资助一些项目，研究如何为未来储备更多的水。

1975年，沙特阿拉伯亲王穆罕默德·费萨尔曾要求法国工程师乔治·莫林研究这样一个项目：把一座巨大的冰山从格陵兰岛或南极洲拖至红海。莫林研究了6年，最后得出结论：这样做的代价过于昂贵。但到了2009年，莫林又开始研究这个问题，运用先进的电脑技术来计算如何降低成本。也许有朝一日，人们真的能看见冰山耸立在中东的沙漠旁。

海水淡化

海水淡化(从盐水中去除盐)是另一项耗钱的技术,但如果成本能降下来的话,可以给很多地方带来益处。这项技术之所以成本高,主要是因为它需要非常复杂的设备。海水淡化已经有了一些成功的例子。例如波斯湾边的迪拜,它是一座石油储量非常丰富的城市,其98%的水就是用海水淡化获得的。除了成本高外,海水淡化还有另一个很大的弊端。从盐水中去除的那些盐该如何处理?必须要有地方放置它们,如果把那些盐用泵重新注入海水中,又会杀死鱼类和其他野生动植物。

也许有一天会有成本不高的新技术出现,不仅裨益当代人,还能造福子孙后代。

世界上用水最多的10个国家

（年人均水消耗量）

1.美国:218 万升
2.加拿大:179 万升
3.澳大利亚:117 万升
4.意大利:91.8 万升
5.法国:70.5 万升
6.德国:54.1 万升
7.瑞士:44.1 万升
8.瑞典:37.7 万升
9.英格兰和威尔士:31.4 万升
10. 丹麦:15 万升

以上数据统计于 2007 年。

你知道吗?

◎4000 平方米农田上如有 2.5 厘米的降水量,则可提供超过 10.22 万升的水,这些水不用农民花一分钱。

◎如果把美国和加拿大境内的水管全部连起来,它们可以绕地球 40 圈。

◎古罗马时期修建的马克西姆下水道有一部分至今仍在使用。

◎世界上所有湖泊、河流、小溪和池塘中的水加起来仅占地球上淡水的0.3%,其余的淡水则以冰或地下水的形式存在。

摸不得的电

电力运用大事年表

公元前 600 年

古希腊城邦米利都的哲学家泰利斯就注意到了我们现在称之为静电的作用。

18 世纪 40 年代

最早可以储存电的莱顿瓶发明了。

1752 年

本杰明·富兰克林证明闪电是电的一种形式。

1800 年

亚历山德罗·伏特发明电池。

1821 年

迈克尔·法拉第发明发电机。

1831 年

迈克尔·法拉第发明变压器，它可以使电压升高或降低。

1879 年

托马斯·爱迪生发明了第一个可以长时间照明的电灯泡。

1882 年

世界上第一家公用发电站建立，并向伦敦部分地区供电。

1897 年

约瑟夫·约翰·汤姆森发现电子。电子是带负电的粒子，移动时会产生电流。

1956 年

在英国，世界上第一家商用核电站开始发电。

1997 年

首次大批量生产的混合动力汽车上市销售。

2000 年

宇航员开始在国际空间站安装太阳能电池板。

电从何处来？

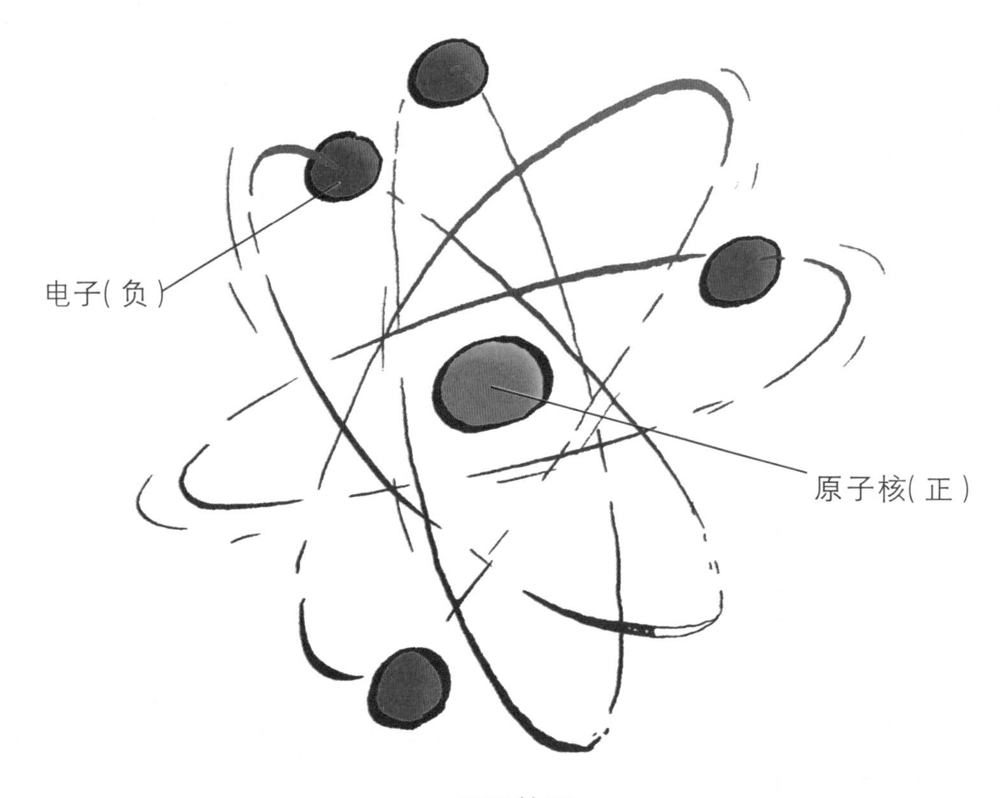

原子简图

电由电荷产生，电荷又源于原子。我们以及周围的一切事物皆由原子组成。原子核（位于原子中心）带正电荷，围绕原子核飞来飞去的电子带负电荷。正负电荷通常彼此平衡。然而一个原子有可能获得或失去电子，于是整个原子便带上了电。这种电称为静电，因为它仅位于一个地方。但是电子也有可能从一个原子跳跃到另一个原子那里，当许多电子以这种方式运动的时候，就会产生电流。

导读

电是看不见的，但它无处不在：大自然，我们的家、学校以及工作场所。电已经存在几十亿年，但人们能发电、控制电以及使用电的时间只有200多年。

现在，我们可以用各种各样的方式发电，利用各种能源发电，例如煤、石油、天然气、风浪、潮汐、太阳光、地热、原子核反应，甚至还能用垃圾发电。

每个人都离不开电，电让人们能够过上现代化的生活。想一想如果没有电就无法做的事情：加热、照明、通信、旅行、交通，还有娱乐，都离不开电的支持。没有电，我们的生活就会截然不同。你绝对不愿过没电的生活！

警告！

电非常危险！

◎不要触摸插座，不要把任何东西捅进插座。
◎插入或拔出插头之前，先关闭插座开关。
◎不要触摸裸露的电线。
◎不要打湿电器设备。

如果没有电

我们日常生活中有很多东西都是有了电才能工作。如果我们从来没有发现电，或是我们突然不得不过上没电的日子，你认为我们的生活会成为什么样子呢？你能度过没有灯的日子吗？如果你的电视、电脑和电话突然无法工作了，你会做什么？就那么想一想，没有社交网络！哦！我的天！如果火车、大巴，还有小轿车都不运转，你如何行动？如果没有冰箱、冷冻柜、洗衣机或是吸尘器，你的生活会成为什么样子？如果没有电，我们的环境有可能更寒冷、更幽暗、更枯燥，节奏会变缓慢，工作也会更辛苦。

如果你的厨房里没有电器设施，你将吃不上热腾腾的早餐，更别说热吐司和热饮料了。闻一闻要加进麦片里的牛奶！没有冰箱，牛奶很快就会变质！

到了夜晚，你将不得不点上一两支蜡烛来照明。忘记看电视、玩电脑游戏或是网上冲浪那些事吧。感谢老天，我们至少还能读书！

想象一下一觉醒来没有电的日子！床头灯不亮，电子闹钟也不响！千万不要睡过头！你的手机也不会工作。

没有了路灯，**黑漆漆的早晨**变得更为幽暗。而且你还得走路去上学，因为小轿车、大巴和火车都需要电才能开动。交通指示灯无法工作，你的自行车灯也无法工作。

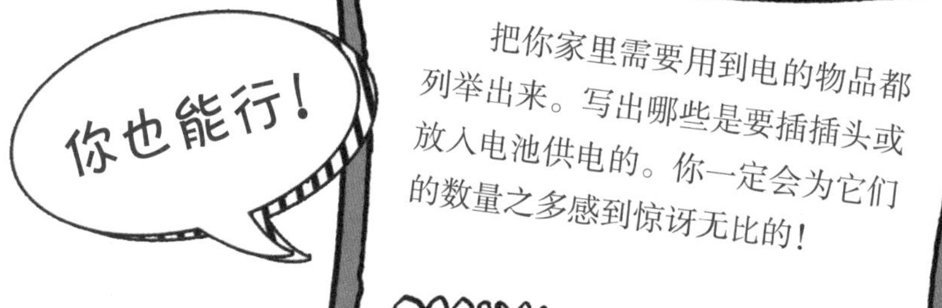

把你家里需要用到电的物品都列举出来。写出哪些是要插插头或放入电池供电的。你一定会为它们的数量之多感到惊讶无比的！

屋里或是花园里有工作需要做吗？没有电动工具，你将不得不依靠自己的肌肉力量和手动工具。

光与热

在过去的一百年里，我们家里出现了电灯、加热器以及各种厨房电器。但在此以前，如果你想有光、热或是吃上热饭菜，就不得不生火。古代罗马人采用集中供暖设施，暖气由建筑物地面下的炉子里送出来。也有人用敞开的炉子烧柴或烧煤给家里供暖，但许多热量会从烟囱流失掉。在家里，人们则点蜡烛或油灯，后来是点煤气灯。所有这些燃烧方式都有可能引起可怕的火灾，还会让城镇变得烟雾弥漫。

2000年前：罗马的富人们就在他们的别墅和浴室里安装了地热设施，称为火炕供暖系统。炉子里的热空气通过地板下以及墙壁内的空间送过来，奴隶们负责维持火炕燃烧。

地板下的砖柱

热空气在砖柱间流通

30000 年前：首先出现的灯是将动物油脂盛在空心石头里，让苔藓球或是植物根茎吸收这些脂肪，之后将它们点燃即可，但这种灯不是很亮。

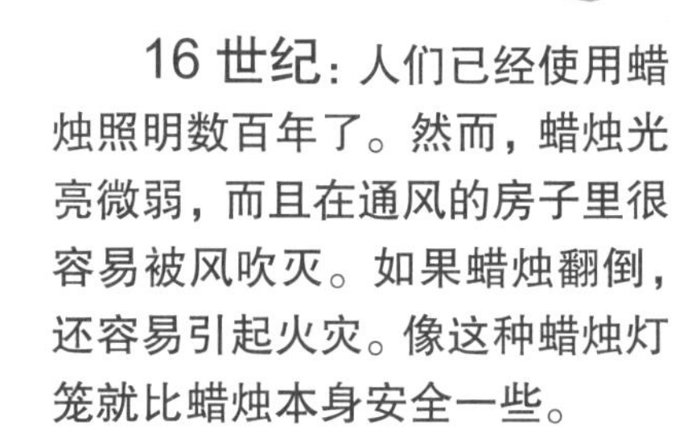

16 世纪：人们已经使用蜡烛照明数百年了。然而，蜡烛光亮微弱，而且在通风的房子里很容易被风吹灭。如果蜡烛翻倒，还容易引起火灾。像这种蜡烛灯笼就比蜡烛本身安全一些。

17 世纪：人们流行烧煤供暖。煤燃烧时的温度比木头的高，亮光也持续得更久一些。然而煤比较昂贵，燃烧时还散发出大量烟雾。采煤也是极为危险的工作。

19 世纪晚期：从煤炭加工得来的煤气通过管道输入一些家庭。煤气灯（如下图）很明亮，但是煤气本身很危险。如果煤气泄漏，就会发生爆炸，而且煤气也有毒！

19 世纪：煤油灯（如上图）比蜡烛亮得多，而且灯芯可调节，把灯芯向上调一些，可以让火焰变得更大，而玻璃灯罩能保护火焰不被风吹灭。

你也能行！

19 世纪 70 年代，美国的托马斯·爱迪生和英国的约瑟夫·斯旺爵士都成功研制出世界上最早的电灯泡。灯泡之所以能发光，是因为当电流经过很细的灯丝时，灯丝会阻止电流穿过，于是产生高热量，热到一定程度就发起光来。

刺痛与火花

几千年来，人们都过着没有电的生活。但有一些观察力很强的人，对自然界一些奇怪的现象感到好奇。他们轻抚猫的时候，发现猫毛有时会竖立起来，还发出"噼啪"声，甚至可能闪现火花。他们摩擦光亮透明的琥珀时，琥珀会吸起细线，就像有魔力一般。但他们不知道引起这些现象的原因是什么，因为那时还没有人了解电是什么。像"电子""电"和"电流"这类词语皆源于古希腊文"琥珀"一词。

以电为药：古埃及人发现鲶鱼、蝠鲼和鳗鱼会产生电击作用。据说古代的医生已经运用从这些鱼身上获得的高压震动来治疗疼痛。

神奇的琥珀：生活在古希腊米利都城的泰勒斯发现，当他摩擦一块树脂化石（即琥珀）时，小羽毛就可以粘在琥珀上面。事实上，他已经发现了静电，不过他自己并不知道。

恐怖的毛发：抚摸猫的时候，会把电子从猫毛上抹掉，让毛带正电荷。正电荷互相排斥，因此猫毛会竖立起来。

你也能行！

用塑料梳子反复梳理干头发，就能让它带上静电。将梳齿靠近碎纸屑，如果梳子带的静电够多，而那些纸屑又够小，梳齿就能吸起那些纸屑。

大约2300年前，古希腊教师泰奥弗拉斯托斯发现一件很奇怪的事情：在他加热某种宝石的时候，一些灰尘、绒毛、稻草甚至木块都会飞向宝石。他用的宝石可能就是我们今天所说的“电气石”。加热一些水晶石，包括电气石，就会产生静电，这称为热电现象(pyroelectricity)。“热电现象”的英语单词源于希腊文单词“火”(pyr)的拼写。

马达与运动

在中世纪以前，机器是用水车、风车或人力驱动的。然后到了 18 世纪，蒸汽发动机发明了。蒸汽机的发明是非常伟大的进步，因为它们不依靠风或是附近的河流工作。蒸汽机使工业和铁路有了飞速发展，这个时期被称为工业革命时期。然而蒸汽机又大又重，还需要不停地供给煤和水才能持续工作，因此最后它们被体积更小的汽油发动机和柴油发动机所替代。再后来，人们甚至创造出了更小、更干净、更方便使用的电动发动机。

公元前 100 年：古希腊人和古罗马人使用水车为机器提供动力。这些水车常常用来推动沉重的磨盘碾磨面粉。但如果附近没有河流，你就无法使用水车！

600 年:波斯人可能是最早使用风车推动石磨碾磨粮食的人。用来兜风的风车叶片是用布或是窄木板做成的。风车几乎可以建造在任何地方，但只在有风的时候才运转。

18 世纪:最早的蒸汽发动机是个庞然大物,有一栋房子那么大。它们靠烧煤让水沸腾,从而产生蒸汽。这些蒸汽可以推动活塞,以驱动水泵之类的机器。蒸汽机可以产生巨大的动力,但它们也会冒烟、发出噪声,有时甚至还很危险。早期的蒸汽机常常会爆炸。

19 世纪:蒸汽火车建造出来了,可以运输煤和铁，并很快开始运载乘客。蒸汽火车使帮助人们实现了长途旅行。但对乘客来说,蒸汽机冒煤烟是件很烦人的事情。

19 世纪晚期：首批电动汽车在 19 世纪 80 年代被生产出来，首批使用汽油的车辆差不多也是这个时间生产出来的。如今有些汽车是电动的，电动汽车不像其他汽车那样释放有害气体。把车上的插头插进充电桩的插座，就能给电动汽车充电了。

雷与闪电

在 1752 年，美国科学家本杰明 · 富兰克林观察雷雨天的雷电闪光，思考闪电是不是一种电流。他做了一次非常危险的实验，力图揭示其中的真相。

他把风筝升到雷电附近，风筝线的尾端系上一把铁钥匙，再用一条干丝带系住钥匙。他拉住干丝带，牢牢地拽住风筝，但把一只手移到距离钥匙非常近的地方时，他感到一颤。他证明了闪电的确是电：云团产生的电流沿着浸透雨水的风筝线传到钥匙上。

富兰克林发现可以将闪电安全地引向地面，不会破坏其所接触的任何建筑物。于是，他发明了电导体。现在，所有高层建筑上都有一条由顶部接到地面的厚厚的金属带或金属棒。打雷时，电荷沿着它进入大地。

警告！

千万不要模仿本杰明·富兰克林的实验！

富兰克林活下来是非常幸运的，其他人做这个实验却都死了。大量电荷让雷雨云带上电，再通过风筝线提供的通道流向地面，恰好流经拉住风筝线的人！

你也能行！

做个实验，你就能找出下图中 6 个物件哪些是导体，哪些是绝缘体。把两节电池、一个灯泡和一个物件照样子连接在一起，如果哪个物件接上去灯泡发亮，它就是导体。

电池

灯泡

受测物体

如果听到打雷，要立即进屋，或躲到车里关上车窗，绝对不要碰任何金属，也绝对不要躲在树下或打伞。双脚并拢，蹲下身子，身体尽量缩小。

有些材料允许电流通过，称为导体。有些材料阻碍电流通过，称为绝缘体。

电流是流动的电子。导体的电子容易从一个原子移动到另一个原子上；绝缘体的电子则被原子牢牢束缚住，因而电流无法通过。

早期储电

到了18世纪末，科学家和发明家已经证明电确实存在。但是，除非他们能够捕捉到电并把它储存起来，否则就无法研究它。一只青蛙拯救了这一切！意大利科学家路易吉・加尔瓦尼在解剖一只青蛙时，看到它四腿抽动，仿佛受到电击一般。另一位意大利人亚历山德罗・伏特，注意到那只青蛙是挂在铜钩子上的，而加尔瓦尼使用的是钢刀。于是他想弄明白是否使用不同金属都可以导致蛙腿抽动。这一想法启发他造出了有史以来第一个电池。

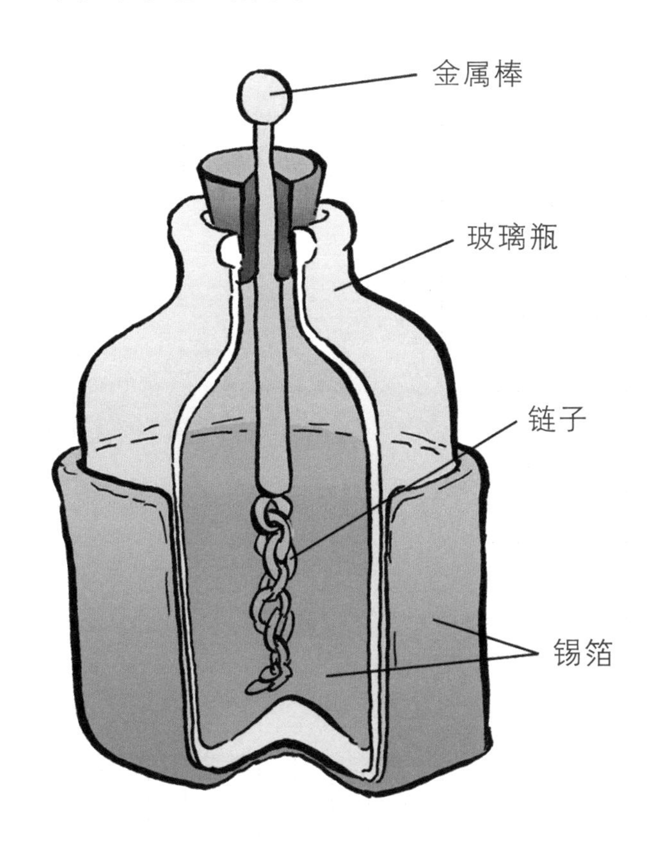

18世纪40年代：莱顿瓶（如左图），一种储存电荷的装置，由埃瓦尔德・格奥尔格・冯・克莱斯特和彼得・范・穆森布罗克发明，是一种里外都包裹着锡箔的玻璃瓶。金属棒与里面的锡箔由链子连接，流向金属棒的电荷可以给里面的锡箔充电。

18 世纪 80 年代:加尔瓦尼认为电来自动物的肌肉,就如同一种生命力,但他是错的。伏特意识到电是动物体外、在某种方式下产生的,从而导致肌肉震颤。

1800 年:亚历山德罗·伏特制成第一块电池。他把一堆铜片和锌片次第相连,每对薄片中间衬上用卤水(盐水)或酸浸湿的垫片,制成了电池。

+ 正极
– 负极

今天：谢天谢地，你不必使用用一堆湿漉漉的金属薄片制成的电池了。现在的电池可以产生更多电流了，而且化学物质都安全地密封在电池内部。

让电工作

在19世纪初时，人们已经可以发电和储存电。这时，发明家们开始寻求新途径使用电。下一步的发明与一个丹麦人、两个法国人和一个英国人有关。这个发明包括电动机和发电机，这将改变整个世界。

一如往常，第一项发现纯属偶然！1819年，丹麦科学家汉斯·克里斯汀·奥斯特在哥本哈根大学给学生做验证试验时，获得出乎意料的惊人发现。这一发现改变了科学家对电和磁的思考方式，带来一系列重要的发现和发明。

1819年：汉斯·克里斯汀·奥斯特在用电路加热金属丝时，发现附近的罗盘指针动了起来。每次接通或切断电流时，磁针都会跳动。奥斯特发现电和磁二者有联系。

19 世纪 20 年代：法国科学家安德烈·马里·安培得知了奥斯特的发现。他开始研究电和磁，最终发现让二者联系起来的自然规律——安培定律。随即，他创造了一个新的科学分支：电磁学。

1821 年：迈克尔·法拉第发明了电动机。他把一根导线浸在一杯汞（一种液态金属，俗称“水银”）中，让电流流过导线，使其绕着杯中一个磁体转动。转动并不剧烈，但是仍说明电流可以引起运动。

做个简易发电机！把一块小型强磁体放在一根钢螺丝的顶部，螺丝悬挂在一节 1.5 伏 2 号电池下面。用导线把电池另一端和磁体另一面连接起来，观察螺丝开始旋转。

1832 年：西波里特 · 皮克斯是法国的仪表制造商，他发明了第一台实用的发电机。这种发电机靠转动手柄带动靠近两组导线线圈的磁体旋转。磁体转动时产生电流，并流过导线线圈。

民用电力

既然已经可以发电并能提供大量有用的电力，那么，让电力为民众服务的时候就到来了。19 世纪 80 年代，世界上最早的公用电站建成于英、美两国。终于，人们只需将开关轻轻一按，就能获得光和热。不过，人们的老习惯可挺难改掉，新的照明方式是与一则通告一起开始的，而通告的内容是告诉人们“别用火柴点电灯”！

起初，只有最富有的人才有钱给家里供电。但在随后的岁月里，越来越多的家庭用上了电。电的时代终于到来了！

电须输送！ 电必须从发电站输送到所有需要用电的地方。电流沿着名叫输电线路的电缆输送出去。电压升至数十万伏，沿着输电线路送出，接着降至安全电压后进入家家户户。变压器负责将电压升高和降低。

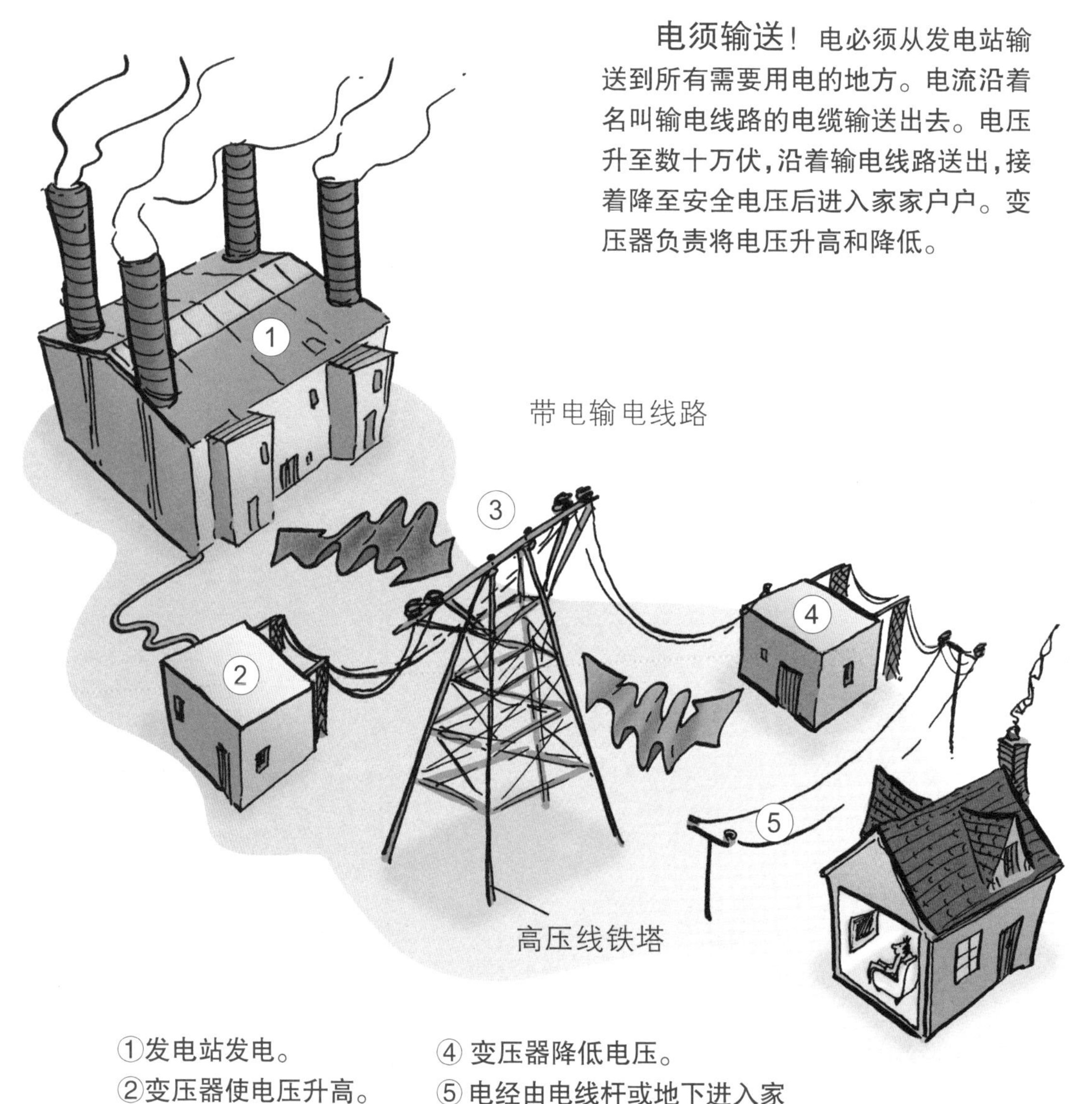

①发电站发电。
②变压器使电压升高。
③输电线路长距离送电。
④ 变压器降低电压。
⑤ 电经由电线杆或地下进入家家户户。

小盒子：你给手机充电时，插头连接的小盒子是个变压器。它把电压降低，提供电力给需要充电的手机。变压器是 1831 年由迈克尔·法拉第发明的。

声音与图像

最早播放录音和放映电影的机器是用发条式马达或是旋转手柄操纵的。它们的声音质量差，图像也不稳定。电录音机和电唱机是巨大的进步：它们的马达以稳定的速度运转。当收音机和电视机流行起来后，电很快成为日常生活的必需品。如果没有电，电脑、数码相机、手机、DVD影碟机和MP3播放机……我们今天所使用的这一切事物都不会存在。

20世纪初期，人们发明了**电扩音器**。在那以前，对着一个称为喇叭筒的大圆锥状物大喊，这是让你的声音变得更大的唯一方式。

1877年，美国人**托马斯·爱迪生**发明了留声机。它能将声音录在圆筒上（通常其外部会涂上蜡），然后回放出来。

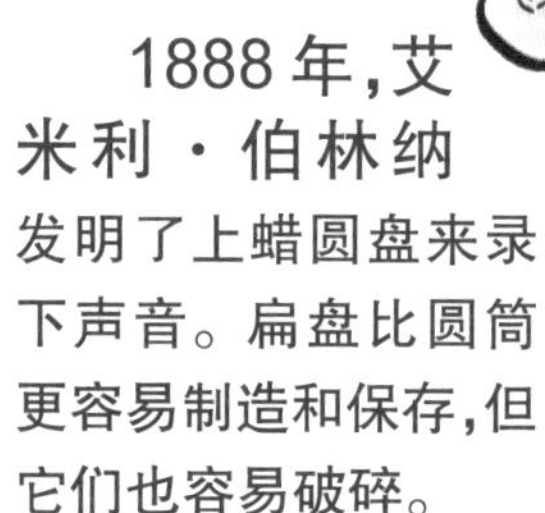

1888年，**艾米利·伯林纳**发明了上蜡圆盘来录下声音。扁盘比圆筒更容易制造和保存，但它们也容易破碎。

固定的电视节目播放开始于20世纪30年代，但到了50年代才有更多人开始拥有电视机。最初，电视机的屏幕很小，而且图像也是黑白的。

1888年，第一台用胶卷照相的**照相机**诞生。这种照相机很受欢迎，但其胶卷需要取下来用化学方法冲洗。

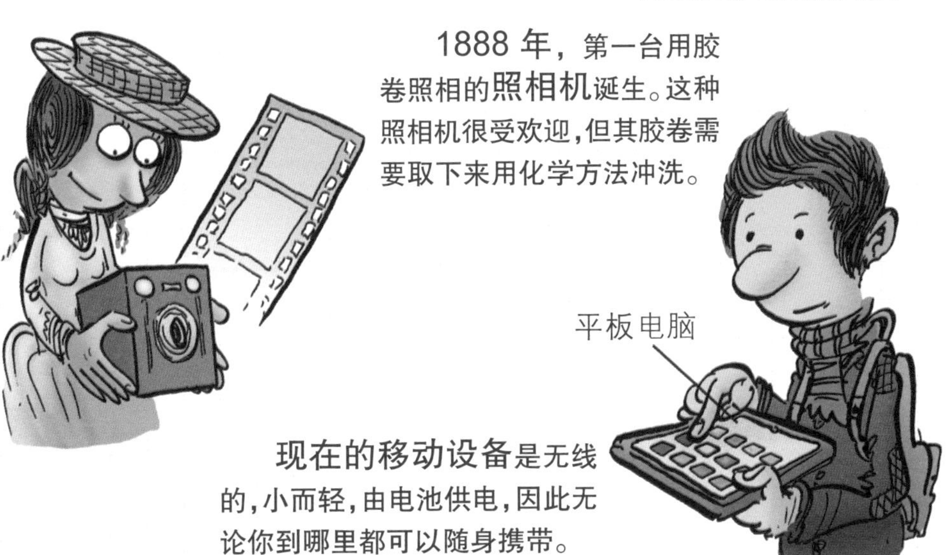

现在的移动设备是无线的，小而轻，由电池供电，因此无论你到哪里都可以随身携带。

早期的收音机使用玻璃做的电子零件，称为导管或真空管，它们有时会燃烧起来或是破碎，经常需要更换。

最初的电影没有声音。为了让电影更激动人心，一个钢琴家会演奏音乐与屏幕上的场景相配。另外还采用字幕说明剧情。

100 多年来，在收音机、电视机、摄影、录音和电影方面有了众多发明创造，因而我们才能拥有**家庭影院**。

重要提示！

做一个针孔观察器：用箔遮住一根纸管的一端，用橡皮筋固定住；用防油纸遮住另一端。用针在箔上扎一个孔，让有箔的那一端指向某物（**决不能**是太阳！），然后看着防油纸那端。你能看到图片吗？

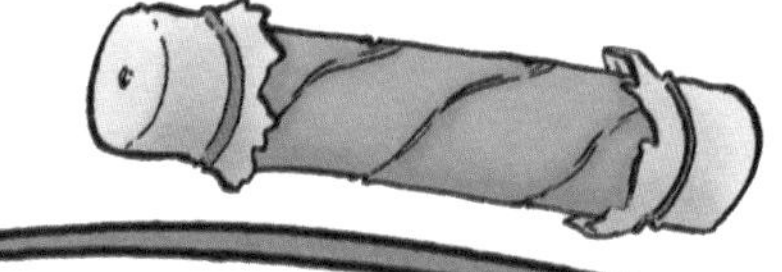

矿物燃料能源

世界上的电大部分源于矿物燃料，其中主要是煤和天然气。储存在矿物中的能量是通过燃烧释放出来的。这就存在一个问题：当矿物燃料燃烧时，它们会释放出二氧化碳，这种气体吸收太阳散发的热量并保存下来。自工业革命以来，大量矿物燃料燃烧，释放的二氧化碳量已经像天文数字般不可计量，结果使得地球的温度变得越来越高。

这并不是好事：大气越暖，暴风雨就越多。世界变暖还意味着冰山减少，海平面上升。

矿物燃料的来源

矿物燃料在数千万年前曾经是植物和动物。它们死亡以后被埋在一层又一层的泥土下面。热量和压力使它们变成了煤、石油和天然气。

世界上的煤矿一年出产将近 80 亿吨的煤。大部分的煤都埋在地底深处，矿工们过去常常是用手挖煤，现在则是开动机器采煤，但采煤仍然是又脏又危险的工作。

陆地上和海洋里的**钻探设备**能探进地底下，采掘深藏在层层岩石下面的石油和天然气。岩石的重量压在油和气上面，使得石油和天然气喷到地面上来。

燃煤电站烧煤来加热巨型锅炉中的水，让水变成蒸汽。蒸汽比水占的空间大得多，不断膨胀的蒸汽提供动力，使发电机运转。

凝结的水被收集起来再次使用。

地球上几乎一半的电力是烧煤获得的，但煤是一种很脏的燃料：烧煤会产生烟雾和有害气体。

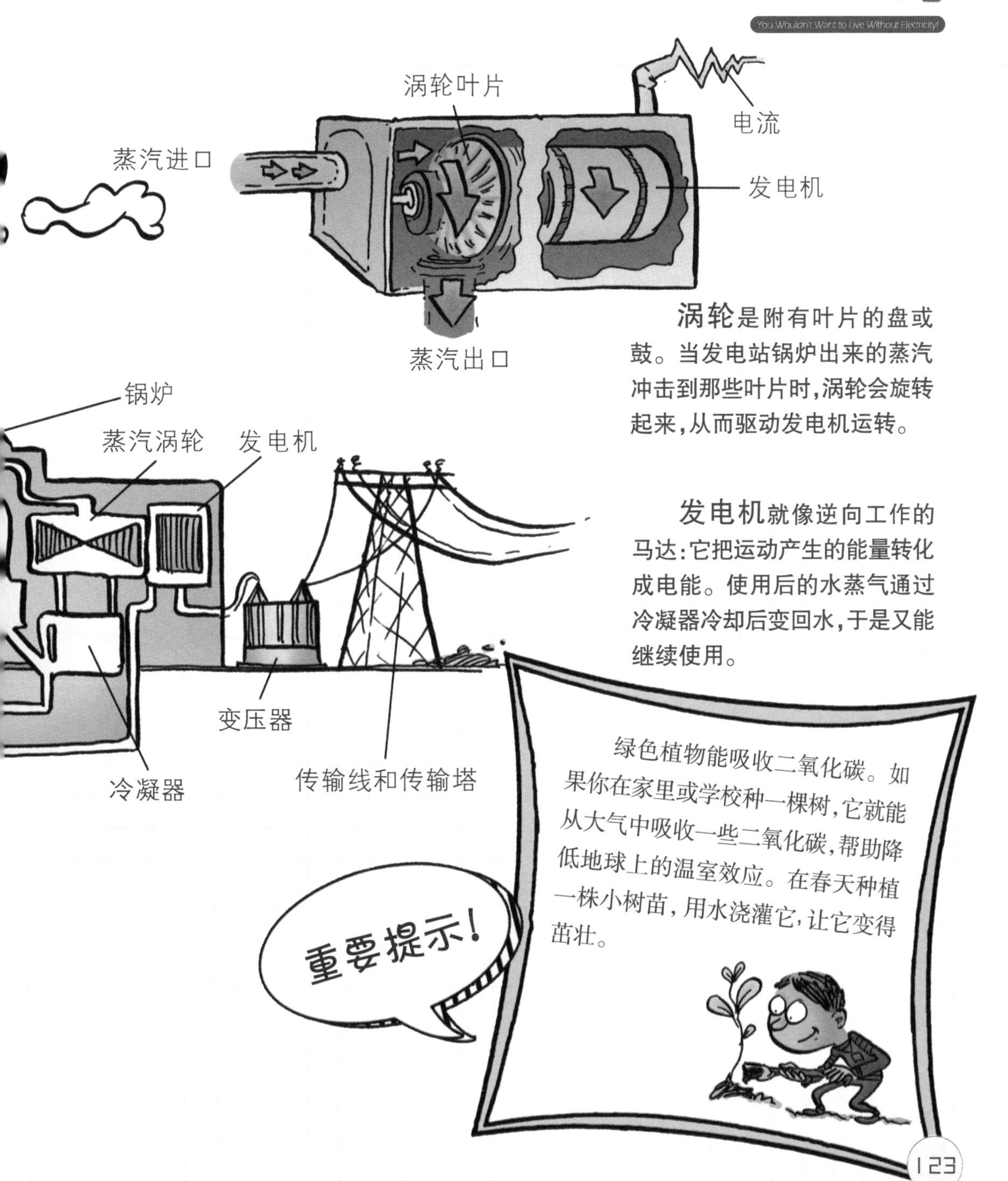

涡轮是附有叶片的盘或鼓。当发电站锅炉出来的蒸汽冲击到那些叶片时,涡轮会旋转起来,从而驱动发电机运转。

发电机就像逆向工作的马达:它把运动产生的能量转化成电能。使用后的水蒸气通过冷凝器冷却后变回水,于是又能继续使用。

绿色植物能吸收二氧化碳。如果你在家里或学校种一棵树,它就能从大气中吸收一些二氧化碳,帮助降低地球上的温室效应。在春天种植一株小树苗,用水浇灌它,让它变得茁壮。

使用绿色能源

如果为了减少二氧化碳的排放量，不想使用由矿物燃料发的电时，那么你有两个选择：你可以使用“绿色产品”，即干净的自然能源发的电，或者核电站发的电。自然能源包括风、海浪、潮汐、阳光、地热、降雨，甚至植物。所有这些能源都称为“可再生能源”，因为自然界在源源不断地更新它们。核电站发电则是让核反应堆里的原子核裂变产生热能，然后用这种热能来发电。

风力发电机是现代风车，但它们不是用来碾磨玉米的，而是用来发电。成片成片的风力涡轮机称为风电场，建造在多风的野外。

风力涡轮机的叶片一分钟转10~20次，变速箱则让运转速度提高很多，每分钟转动大约1800次来令发电机工作。这种装置是放置在发动机舱里的。

潮汐一日两次冲刷陆地，携带大量能源。潮汐能发电机通过一排闸门操纵潮汐的涨和落。当水冲刷过那些门时，门里的涡轮会旋转。

绿色能源是清洁能源！

地热发电站从地底深处发掘自然热量。发电站用水泵把水打进 4000 多米深的地底，当水流回地表时变得相当热，足以产生蒸汽使发电机发电。

水力发电厂（如右图）通过瀑布或水流发电。在一条河上建造一座大坝，造出一个湖或水库。水在流过大坝的时候会使驱动发电机的涡轮旋转。

核电站是利用原子发生核裂变来发电的。当大质量的铀原子裂变时，它们以热能的形式释放能量，这些热能再被用来制造蒸汽。

波浪能发电机看起来就像漂浮的巨蛇。当波浪起伏时，发电机各部分相连接的地方会弯曲，这种弯曲运动产生的能量就转化为电能。

阳光带有的能量，被称为太阳能。太阳能电池板（下图）是由能直接将光转化成电的材料制成的。

太阳能电池板

拯救地球！

现在我们发电的很多方式都存在缺陷。矿物燃料会污染空气，而且它们总有一天会耗尽，就再也没有煤、石油或是天然气了！风力涡轮机仅在有风的时候才能工作——无风，就无电！太阳能发电站只能在阳光明媚的时候正常运转。而核电站会产生危险的放射性废弃物，核事故会释放出致命的放射物，太可怕了！

你可以帮助减少发电引起的坏影响。任何时候都尽可能地节约能源，这样就能少用电，从而也就能少发电。

节约用电的三种方式

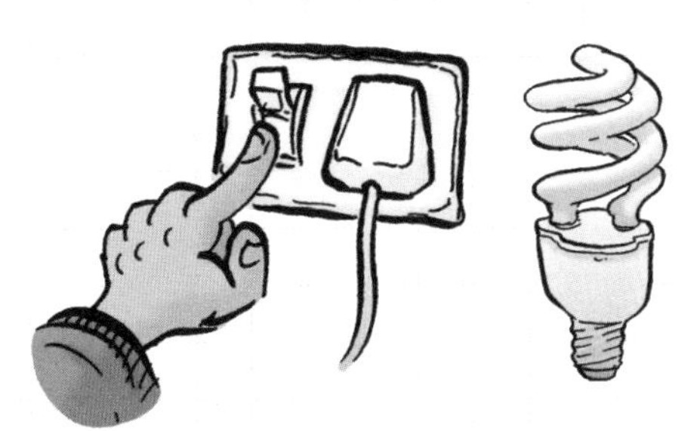

世界地球日为每年的4月22日，是全球性的环境保护日，旨在让人们参与保护环境的活动。这个活动是1970年在美国开始的，现在全世界大约有200个国家都会举办这个活动。

1. **少用电**。仅在需要用电的时候才把开关打开。

2. **节能设施**。使用节能灯及其他节能装置。

3. **回收利用**。这样能减少制造新产品时需要使用的电力。

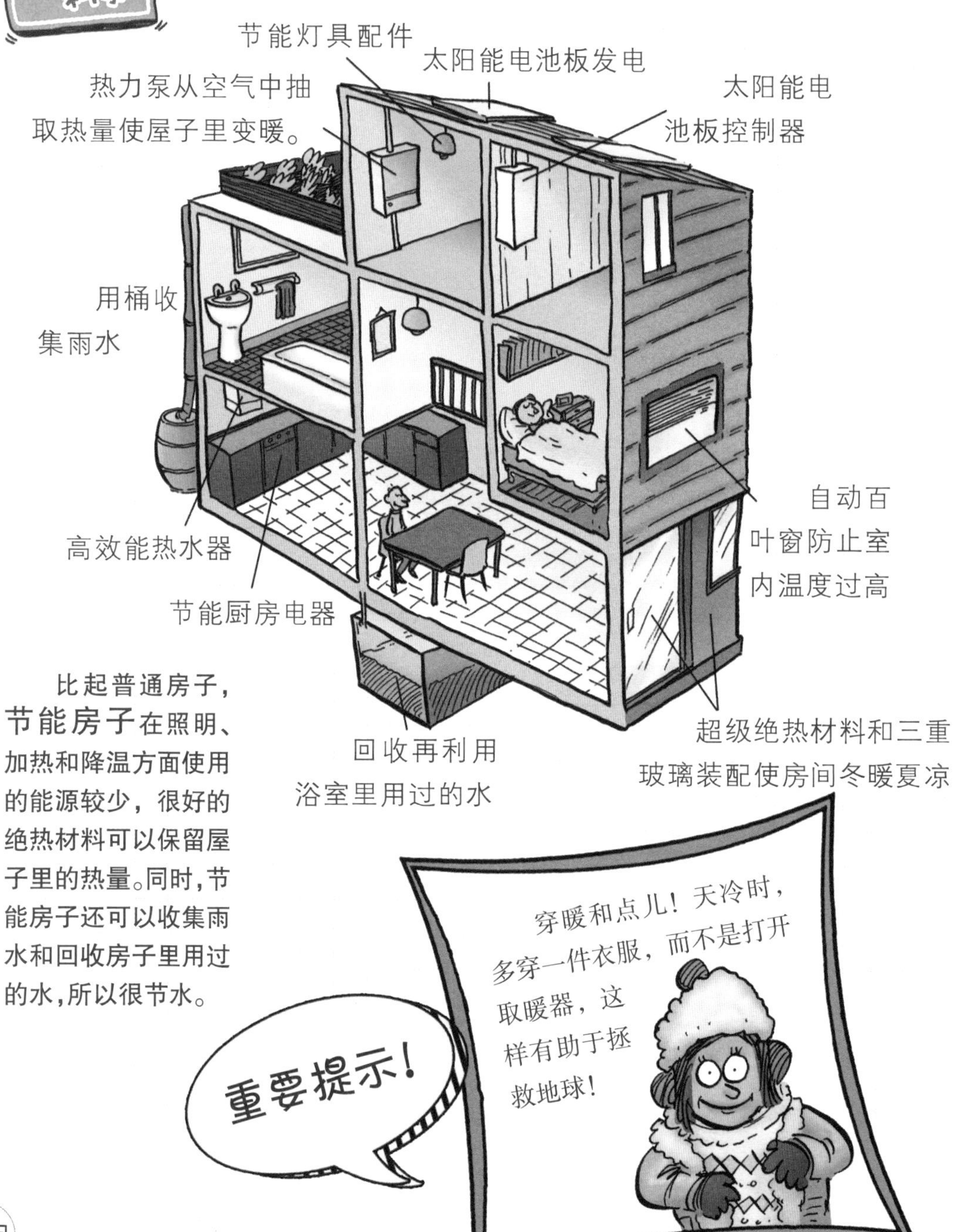

比起普通房子，**节能房子**在照明、加热和降温方面使用的能源较少，很好的绝热材料可以保留屋子里的热量。同时，节能房子还可以收集雨水和回收房子里用过的水，所以很节水。

术语表

Air pollution **空气污染** 有害气体和微粒进入大气。

Amp **安培** 电流单位。

Atmosphere **大气** 围绕地球或其他行星、月球或太空物体的气体。

Atoms **原子** 构成固体、液体和气体的基本单位。

Battery **电池** 一种能储存化学能的装置,被连接到一条电路上时能将化学能转化成电能。

Boiler **锅炉** 一种装水的容器,用来给水加热使其成为水蒸气。

Conductor **导体** 一种材料,电和热可以迅速穿透它。

Electric circuit **电路** 电荷流通的路径。

Electric current **电流** 带电粒子的流动。

Electric motor **电动机** 将电能转化为机械能的设备。

Electromagnetism **电磁学** 研究电磁力和电磁场的学科。

Electron **电子** 带负电的粒子,电子运动形成电流。

Energy **能量** 做功的能力。

Environment **环境** 自然界。

Filament **灯丝** 一种细金属丝,大量电流流过它时,它会变热及发光。

Fossil fuel **矿物燃料** 由埋藏在地下的史前动、植物遗体形成,燃烧后可取暖或获得能量。煤是由生长在陆地上的植物形成,而石油和天然气是由海洋里的生物形成的。

Generator **发电机** 一种机器,能将其他形式的能源转化为电能。

Industrial Revolution **工业革命** 1760—1840 年的这段时期，产生了许多新的技术，尤其是蒸汽机的发明。

Insulator **绝缘体** 不善于传导电和热的不良导体。

Leyden jar **莱顿瓶** 早期储存电荷的装置。它的发明者之一是荷兰莱顿大学的一位教授。

Medieval **中世纪** 从5世纪到15世纪这段时期。

Nucleus **原子核** 原子的中心，带正电。

Paraffin (Kerosene) **煤油** 一种从石油中提取的燃料，用于家庭灯具照明。

Particle **粒子** 极其微小的物质。

Petrol **汽油** 从石油中提炼出的一种燃料。

Recycle **再生** 重复使用某种事物，而不是用过就扔。

Renewables **再生性能源** 自然界可以源源不断补充的能源，包括阳光、风、潮汐和海浪。

Resistance **电阻** 物质的一种特性，电流流过物质时，这种特性能使电流速度减缓。

Solar panel **太阳能电池板** 一种能将阳光中的能量转化为电能的装置。

Static Electricity **静电** 处于静止状态的电荷。

Transformer **变压器** 升高或降低电压的装置。

Turbine **涡轮** 带叶片的盘或鼓，就像有许多叶片的螺旋桨，液体或气体经过时它会旋转。

Volt **伏特** 电压单位，电压是推动电流流动的力量。

关于电的重大发现者

亚历山德罗·伏特
(1745—1827)

现代电力研究学的开创者是伏特，一位意大利物理学家。他发明的电池是最早能提供稳定电流的装置。电池令科学家们能用电来做实验，并发现更多关于电的奥秘。“伏特”，作为电力的单位，也是取名于伏特。他还发现了沼气(甲烷)易燃的特性。

迈克尔·法拉第
(1791—1867)

这位英国科学家起初是从图书装订工的学徒做起的。他一边工作，一边读书，从而激发了他对科学，尤其是对电学的兴趣。他坚持不懈，研究电磁感应(变压器隐藏的原理)，并发明了电机。法拉第的发现为后来电力设备和机器的发明奠定了基础。

1825年年初，法拉第做了一系列圣诞演说，给年轻人讲科学。这些演讲稿至今仍存放在伦敦的英国科学研究所里。“法拉”就是以他的名字命名的电学单位。

詹姆斯·克拉克·麦克斯韦
(1831—1879)

这位苏格兰科学家的研究为诸如迈克尔·法拉第的研究工作奠定了基础。他研发了一套等式，用来描述电、磁和光都是同一种物质的不同形态——电磁。他还揭示了电磁波在太空中与光同速。他的研究开创了现代物理学。“麦克斯韦”就是以他的名字命名的磁学单位。

未来的电

如今，我们的用电量已超过任何时期。随着世界人口的增长，人越来越多，用电量也越来越大。将来我们可能会找到各种各样新的方法发电。

有科学家已经开始试验运用道路发电，即利用大量汽车在道路上通过时的重量来发电。建筑物的房顶可以铺上能利用太阳光发电的砖。你甚至还可以穿能发电的鞋，行走时这种鞋可以发电供你的手机使用。

将来还可能有新形式的电站，它会通过核聚变产生热能发电。

20世纪60年代的半导体收音机

21世纪的平板电脑

你知道吗？

◎最早的“电池”可能在2000年前就已经制造出来了！在1936年，考古学家在伊拉克首都巴格达发现了古代的罐子。每个罐子里都有一根铜柱，其中心有一根铁棒。有些人认为这些罐子看起来很像电池。如果它们真是电池，却没有任何人知道制造它们的原因以及它们的用途。

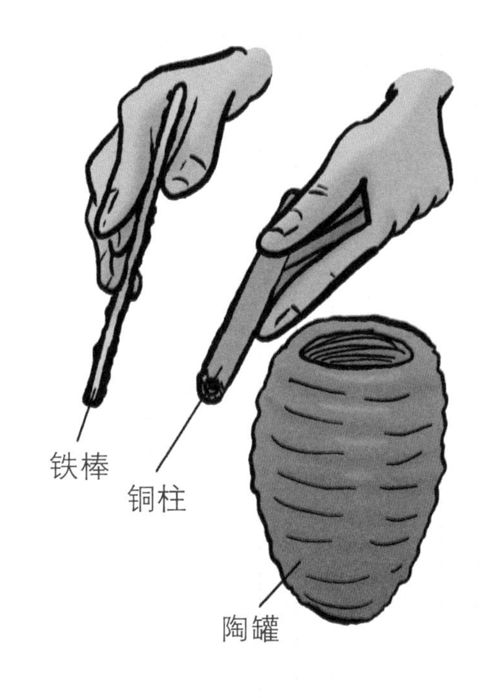

电动汽车并不是新生事物，早在19世纪80年代就已经生产出来了。

◎美国发明家托马斯·阿尔瓦·爱迪生（1847—1941）一生有1000多项发明，其中有很多我们至今仍在使用，例如开关、灯泡、保险丝和电表。他还发明了留声机和电影放映机。

◎一道闪电携带的电流高达20万安培，电压则高达10亿伏特。

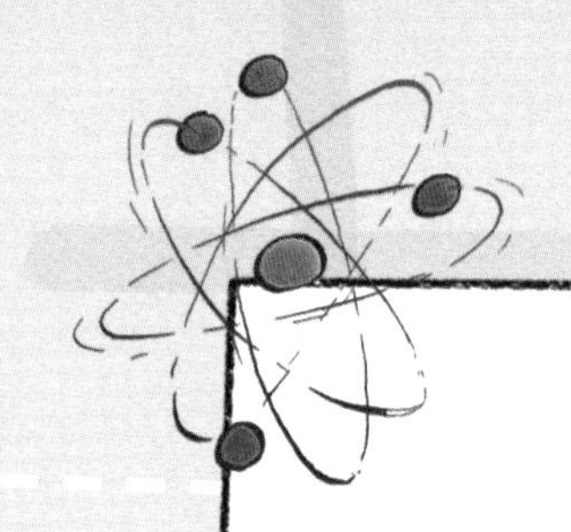

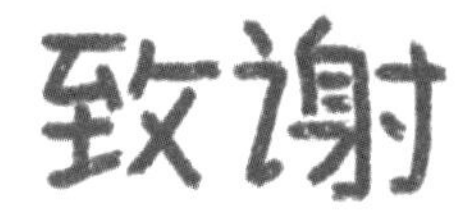

“身边的科学”系列丛书幸得众多小朋友的集思广益，获得了受广大读者欢迎的名字。在此，特别感谢郑悦、沈伊宸、杨丙乾、陈伊一、史一扬、高语果、郭晁颗、柴佳霖、赵汗青、李政瑶、刘芸熙、黄培风、李康乔、薛涵童、薛潜晰、夏骞和、苏子涵、汤婉宁、王语泽、王玥涵、刘铠烁、杨昊哲、黄静书、王雨澄、朱小萱等小朋友。